K. Hoyer und G. Schnell

# Einfache Ausgleichsvorgänge der Elektrotechnik

**Aus dem Programm**
**Elektrotechnik**

**Grundlagenwerke:**

Elemente der angewandten Elektronik, von E. Böhmer

Elektronik (2 Bände), von B. Morgenstern

Laplace-Transformation, von W. Ameling

Laplace-Transformation, von J. G. Holbrook

Analyse elektrischer und elektronischer Netzwerke mit BASIC-Programmen, von D. Lange

**Einfache Ausgleichsvorgänge der Elektrotechnik**
von K. Hoyer und G. Schnell

**Aufgabensammlungen:**

Rechenübungen zur angewandten Elektronik, von E. Böhmer

Elektroaufgaben, von H. Lindner und E. Balcke
Band III: Leitungen, Vierpole, Fourier-Analyse,
Laplace-Transformation

Beispiele und Aufgaben zur Laplace-Transformation,
von H. J. Löhr

**Vieweg**

Konrad Hoyer
Gerhard Schnell

# Einfache Ausgleichsvorgänge der Elektrotechnik

Berechnung mit Differentialgleichungen
Laplace-Transformation und
Programmen in BASIC und Pascal

Friedr. Vieweg & Sohn Braunschweig / Wiesbaden

CIP-Kurztitelaufnahme der Deutschen Bibliothek

**Hoyer, Konrad:**
Einfache Ausgleichsvorgänge der Elektrotechnik:
Berechnung mit Differentialgleichungen Laplace-
Transformation u. Programmen in BASIC u. Pascal/
Konrad Hoyer; Gerhard Schnell. – Braunschweig;
Wiesbaden: Vieweg, 1985.
ISBN-13: 978-3-528-04344-5 e-ISBN-13: 978-3-322-84327-2
DOI: 10.1007/978-3-322-84327-2
NE: Schnell, Gerhard:



1985



Umschlaggestaltung: Peter Neitzke, Köln
Satz: Vieweg, Braunschweig

ISBN-13: 978-3-528-04344-5

# Vorwort

„Die Berechnung elektrischer Ausgleichsvorgänge ist sowohl bei Studenten als auch bei ausgebildeten Praktikern eine meist unbeliebte Beschäftigung. Der Grund dafür ist wohl, daß die dazu notwendige Mathematik nicht ganz anspruchslos ist.

Dazu kommt, daß Grundlagenlehrbücher diesen Stoff notgedrungen sehr knapp anbieten und die einschlägigen Monographien für Anfänger viel zu schwierig sind.

Um hier Abhilfe zu schaffen, haben sich ein Mathematiker und ein Elektrotechniker zusammengetan und, gestützt auf langjährige Vorlesungserfahrung, eine wirklich elementare Einführung verfaßt. Es werden in diesem Buch parallel

- die klassische Methode der Lösung von Differentialgleichungen,
- die elegante Methode der Laplace-Transformation und
- die moderne Methode der numerischen, digitalelektronischen Berechnung

dargestellt. Insbesondere von der letzten Methode erwarten wir bei dem heutigen Stand der Technik der programmierbaren Taschenrechner eine stetig steigende Bedeutung für die Praxis. Es wurden aber alle drei Methoden soweit behandelt, wie sie ein Student der Elektrotechnik an Hoch- und Fachhochschule beherrschen muß. Auch Studenten verwandter Fachrichtungen wollen wir ansprechen."

Die vorstehenden Zeilen stammen aus dem Vorwort der ersten und zweiten Auflage des Buches „Differentialgleichungen der Elektrotechnik". Sie gelten noch immer. Das vorliegende Buch ist eigentlich eine dritte Auflage, stellt aber eine vollständige Neubearbeitung dar und ist erweitert im Hinblick auf die neuen BASIC-fähigen Taschencomputer und die sowohl BASIC- als oftmals auch Pascal-fähigen Personalcomputer.

Obwohl wir die Programme didaktisch aufbereitet haben, ist doch eine Vorkenntnis in BASIC und insbesondere Pascal notwendig.

Für Hinweise auf Fehler, die wir trotz aller Sorgfalt nicht fanden, sind wird genauso dankbar wie für Kritik und Anregungen für Verbesserungen und Erweiterungen.

Herrn Langfeld vom Verlag danken wir für die Sorgfalt und Mühe, die er dieser Neuauflage hat angedeihen lassen.

*K. Hoyer* *Dr. G. Schnell*

Frankfurt am Main, 1985

# Inhaltsverzeichnis

# 1 Berechnung von Ausgleichsvorgängen mit Differentialgleichungen

## 1.1 Differentielle Beziehungen

Die Grundlage der Berechnung von elektrischen Ausgleichsvorgängen sind – wie bei Berechnung des stationären Zustandes – die Kirchhoffschen Regeln (Knoten- und Maschenregel).
Sie ergeben zusammen mit den differentiellen Beziehungen zwischen u und i an L oder C die Differentialgleichung (Dgl.). Diese Beziehungen zeigt Tabelle 1.

**Tabelle 1**

| | R | L | C |
|---|---|---|---|
| u | $R \cdot i$ | $L \cdot i'$ | $\frac{1}{C} \cdot \int i\,dt + U(0)$ |
| i | $\frac{u}{R}$ | $\frac{1}{L} \cdot \int u\,dt + I(0)$ | $C \cdot u'$ |

hier und im Folgenden bedeutet $u' = \frac{du}{dt}$.

## 1.2 Anfangswerte

Zur Bestimmung der Konstanten in der geschlossenen Lösung der Dgl. sind noch die Anfangswerte notwendig, das sind die u- bzw. i-Werte zum Zeitpunkt des Schaltens, also bei $t = 0$.

Kirchhoff + Tab. 1 ⇒ Dgl. → allgemeine Lösung → endgültige Lösung

(↑ Ansatz; ↑ Anfangswerte u(0); i(0))

(Für die numerische Lösung von Dgl. ist kein Lösungsansatz erforderlich.)

## 1.3 Aus- und Einschaltvorgänge

Bei den mathematisch einfacheren Ausschaltvorgängen hat man es stets mit einer homogenen Dgl. zu tun, d.h. das „Störglied" auf der rechten Seite der Dgl. ist gleich 0.

Bei den Einschaltvorgängen ist das Störglied gerade gleich der eingeschalteten treibenden Spannung. Bei der Berechnung der geschlossenen Lösung geht man so vor, daß man zunächst die allgemeine Lösung der homogenen Dgl. bestimmt. Dann sucht man mittels eines geschickten Ansatzes eine Lösung der inhomogenen Dgl.. Beide Lösungen werden addiert und durch die Anfangswerte einander angepaßt.

Ausschaltvorgang: homogene Dgl. + Anfangswerte → Lösung

Einschaltvorgang:

inhomogene Dgl. ⟨ allgemeine Lösung der homogenen Dgl. + eine Lösung der inhomogenen Dgl. ⟩ + Anfangswerte → Lösung

# 2 Berechnungsbeispiele von Schaltungen mit einem Energiespeicher mittels Differentialgleichung

Die Aufgaben dieser Gruppe führen stets zu Dgl. erster Ordnung. Deren Lösung enthalten meist die e-Funktion. Zur Konstantenbestimmung ist nur ein bekannter Anfangswert erforderlich.

## 2.1 Das RC-Glied

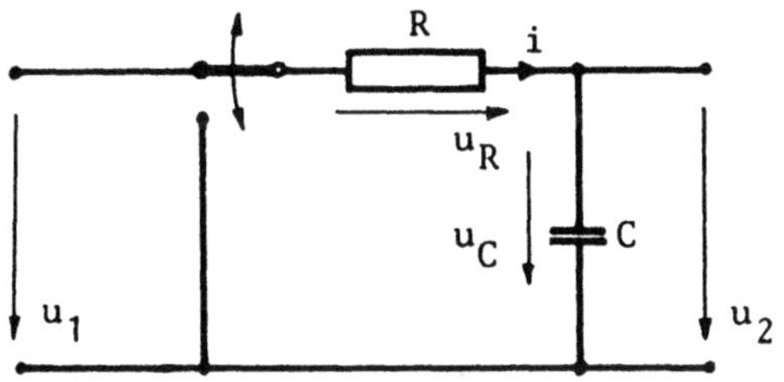


Die Kirchhoffsche Maschenregel liefert:

$$u_R + u_C = u_1.$$

Für $i_R = i_C = i$:

$$R \cdot i + u_C = u_1.$$

Mit Tabelle 1 und $u_C = u_2$:

$$R \cdot C \cdot u_2' + u_2 = u_1. \quad (1)$$

Dies ist eine inhomogene Dgl. erster Ordnung, die obige Schaltung allgemein beschreibt. Wir betrachten zunächst den einfachen Fall, daß zum Zeitpunkt $t = 0$ der Eingang kurzgeschlossen wird und der Kondensator C auf $U_0$ aufgeladen sei, also den Ausschaltvorgang.

### 2.1.1 Ausschaltvorgang

Für $t \geqq 0$ ist dann $u_1 = 0$.

Also aus (1):

$$R \cdot C \cdot u_2' + u_2 = 0 \quad (2)$$

(homogene Dgl. 1. Ordnung).

Lösungsansatz: Es sei

$$u_2 = A \cdot e^{-\frac{t}{\tau}}. \tag{3}$$

(3) → (2):

$$R \cdot C \cdot \left(-\frac{1}{\tau}\right) \cdot A \cdot e^{-\frac{t}{\tau}} + A \cdot e^{-\frac{t}{\tau}} = 0,$$

daraus

$$\tau = R \cdot C. \tag{4}$$

Der Anfangswert ist $u_2(0) = u_C(0) = U_0$, denn auf $U_0$ sei C aufgeladen. Dies in (3):

$$U_0 = A \cdot e^0,$$

daraus

$$A = U_0.$$

Somit ergibt sich die Lösung

$$u_2 = U_0 \cdot e^{-\frac{t}{\tau}}. \tag{5}$$

Bemerkungen:

1. Aus der Anschauung erwartet man $u_2 = U_0$ für $t = 0$. Das liefert auch (5). Weiterhin wird wohl bei $t \to \infty$ der Kondensator entladen sein, also $u_2(\infty) \to 0$. Das liefert auch (5).

2. Liegt die Schaltung an einer Wechselspannung bevor geschaltet wird, so wird für $U_0$ der Wert von $u_C$ genommen, welcher zum Zeitpunkt des Schaltens herrscht. Alles andere bleibt wie oben.

### 2.1.2 Einschaltvorgang

An die strom- und spannungslose Schaltung wird zum Zeitpunkt $t = 0$ irgendeine Spannung $u_1$ gelegt. Die Berechnung der sich einstellenden Ausgangsspannung $u_2$ ist nunmehr umfangreicher. Wir untersuchen das im Folgenden für die Fälle

| | | |
|---|---|---|
| $u_1 = U_0$ | (Gleichspannung) | für $t \geqq 0$; |
| $u_1 = k \cdot t$ | (Rampenspannung) | für $t \geqq 0$; |
| $u_1 = U \cdot \sin \omega t$ | (Wechselspannung) | für $t \geqq 0$; |
| $u_1 = \sqcap\sqcup\sqcap$ | (Rechteckspannung) | für $t \geqq 0$. |

#### 2.1.2.1 Gleichspannung

Es gilt (1) mit $u_1 = U_0$:

$$R \cdot C \cdot u_2' + u_2 = U_0. \tag{6}$$

Diese inhomogene Dgl. erster Ordnung löst man, indem man zunächst die allgemeine Lösung der homogenen Dgl. sucht. Dies ist in unserem Fall bereits erledigt, vgl. (3).

Dann sucht man eine Lösung der inhomogenen Dgl.. Dazu bedarf es einer gewissen Erfahrung und Übung. Man setzt im allgemeinen eine Lösung an „in Form" des „Störgliedes" (das ist bei uns stets die Eingangsspannung $u_1$). Schließlich addiert man die allgemeine Lösung der homogenen und die spezielle Lösung der inhomogenen Dgl. zur Gesamtlösung.

Lösungsansatz „in Form" des Störgliedes: Es sei

$$u_2 = a \cdot U_0.$$

Das in (6):

$$R \cdot C \cdot 0 + a \cdot U_0 = U_0, \quad \rightarrow a = 1,$$

und die spezielle Lösung lautet somit

$$u_2 = U_0.$$

Allgemeine Lösung + spezielle Lösung:

$$u_2 = U_0 + A \cdot e^{-\frac{t}{\tau}}. \tag{7}$$

Die Konstante A ergibt sich aus dem Anfangswert $u_2(0) = 0$:

$$0 = U_0 + A \cdot e^0, \quad \rightarrow A = -U_0.$$

Aus (7):

$$u_2 = U_0 \cdot (1 - e^{-\frac{t}{\tau}}). \tag{8}$$

Diese Lösung wird wieder auf die Probe gestellt: Für $t = 0$ erwarten wir $u_2 = 0$. (8) liefert das. Für $t \rightarrow \infty$ erwarten wir $u_2 \rightarrow U_0$. (8) liefert das.

#### 2.1.2.2 Rampenspannung

(1) mit $u_1 = k \cdot t$:

$$R \cdot C \cdot u_2' + u_2 = k \cdot t. \tag{9}$$

Die Lösung der homogenen Dgl. ist bereits bekannt: (3). Für die inhomogene Dgl. versuchen wir den Ansatz „in Form" von $u_1$. Es sei

$$u_2 = a + b \cdot t. \tag{10}$$

Dies in (9):

$$R \cdot C \cdot b + a + b \cdot t = k \cdot t.$$

Koeffizientenvergleich der beiden Seiten dieser Gleichung ergibt:

$$a = -k \cdot \tau;$$
$$b = k.$$

Dies führen wir in (10) ein und bilden dann die Summe von allgemeiner Lösung der homogenen Dgl. und spezieller Lösung der inhomogenen Dgl.:

(3) + (10):

$$u_2 = A \cdot e^{-\frac{t}{\tau}} + k \cdot t - k \cdot \tau.$$

Die Konstante A folgt aus dem Anfangswert $u_2(0) = 0$:

$$0 = A \cdot e^0 + 0 - k \cdot \tau, \quad \Rightarrow A = k \cdot \tau.$$

Damit erhält man die endgültige Lösung

$$u_2 = k \cdot [t - \tau \cdot (1 - e^{-\frac{t}{\tau}})]. \tag{11}$$

Probe: Für $t = 0$ muß $u_2 = 0$ sein. Dies wird von (11) erfüllt. Für sehr große t muß $u_2 = k \cdot (t - \tau)$ werden. Auch das erfüllt (11).

### 2.1.2.3 Wechselspannung

(1) mit $u_1 = U \cdot \sin \omega t$:

$$R \cdot C \cdot u_2' + u_2 = U \cdot \sin \omega t. \tag{12}$$

Die Lösung der homogenen Dgl. ist (3).

Für die inhomogene Dgl. versuchen wir den Ansatz „in Form" von $u_1$. Es sei

$$\begin{aligned} u_2 &= B \cdot \sin \omega t + D \cdot \cos \omega t, \\ u_2' &= B \cdot \omega \cdot \cos \omega t - D \cdot \omega \cdot \sin \omega t. \end{aligned} \tag{13}$$

Dies in (12) ergibt

$$(B - D \cdot \omega \cdot \tau) \cdot \sin \omega t + (B \cdot \omega \cdot \tau + D) \cdot \cos \omega t = U \cdot \sin \omega t.$$

Koeffizientenvergleich der beiden Seiten der Gleichung ergibt nach kurzer Zwischenrechnung

$$B = \frac{U}{1 + (\omega \cdot \tau)^2} \quad \text{und} \quad D = -\frac{U \cdot \omega \cdot \tau}{1 + (\omega \cdot \tau)^2}.$$

Dies führen wir in (13) ein und bilden dann die Summe von allgemeiner Lösung der homogenen Dgl. und spezieller Lösung der inhomogenen Dgl., (3) + (13):

$$u_2 = A \cdot e^{-\frac{t}{\tau}} + \frac{U}{1 + (\omega \cdot \tau)^2} \cdot (\sin \omega t - \omega \cdot \tau \cdot \cos \omega t).$$

Die Konstante A folgt aus dem Anfangswert $u_2(0) = 0$:

$$0 = A \cdot 1 + \frac{U}{1 + (\omega \cdot \tau)^2} \cdot (0 - \omega \cdot \tau).$$

Somit lautet die endgültige Lösung:

$$u_2 = \frac{U \cdot \omega \cdot \tau}{1 + (\omega \cdot \tau)^2} \cdot \left[ e^{-\frac{t}{\tau}} + \frac{1}{\omega \cdot \tau} \cdot \sin \omega t - \cos \omega t \right]. \tag{14}$$

Probe: Für $t = 0$ muß $u_2 = 0$ sein. Diese Forderung erfüllt (14). Für $t \to \infty$ muß sich die stationäre Lösung ergeben. Aus (14):

$$\underset{t\to\infty}{u_2} = \frac{U}{1 + (\omega \cdot \tau)^2} \cdot [\sin \omega t - \omega \cdot \tau \cdot \cos \omega t]. \qquad (15)$$

Berechnet man $u_2(t \to \infty)$ des RC-Gliedes mit komplexer Rechnung, so erhält man [1]:

$$u_2 = \frac{U}{\sqrt{1 + (\omega \cdot \tau)^2}} \cdot \sin (\omega t - \varphi). \qquad (16)$$

Die Übereinstimmung von (15) und (16) ist nicht offensichtlich. Man findet sie, wenn man berücksichtigt, daß hier $\tan \varphi = \omega \cdot \tau$ ist und allgemein:

$$\sin (a + b) = \sin a \cdot \cos b + \cos a \cdot \sin b,$$

$$\sin a = \frac{\tan a}{\sqrt{1 + (\tan a)^2}},$$

$$\cos a = \frac{1}{\sqrt{1 + (\tan a)^2}}.$$

Bemerkungen:

1. Das Einschalten muß nicht bei $u_2(0) = 0$ erfolgen. Es ergibt sich dann wegen $u_2(0) \neq 0$ lediglich eine andere Konstante A.

2. Die Berücksichtigung der Einschaltphase $\varphi$:

Statt (12): $$R \cdot C \cdot u_2' + u_2 = U \cdot \sin (\omega \cdot t + \varphi). \qquad (12a)$$

Der Ansatz (13) bleibt.

Für B und D ergibt sich jetzt:

$$B = U \cdot (\cos \varphi + \sin \varphi)/(1 + (\omega \cdot \tau)^2)$$

und

$$D = U \cdot (\sin \varphi - \cos \varphi)/(1 + (\omega \cdot \tau)^2).$$

Dies in (13) mit der homogenen Lösung (3) und $u_2(0) = 0$ ergibt den (14) entsprechenden Ausdruck für die endgültige Lösung:

$$u_2 = U \cdot ((\cos \varphi + \omega \cdot \tau \cdot \sin \varphi) \cdot \sin \omega t + (\sin \varphi - \omega \cdot \tau \cdot \cos \varphi) \cdot (\cos \omega t - e^{-\frac{t}{\tau}}))/(1 + (\omega \cdot \tau)^2). \qquad (14a)$$

### 2.1.2.4 TTL-Verzögerungsschaltung

In der digitalen Schaltungstechnik müssen oft Signale geringfügig verzögert werden. Die folgende Schaltung zeigt eine Möglichkeit.

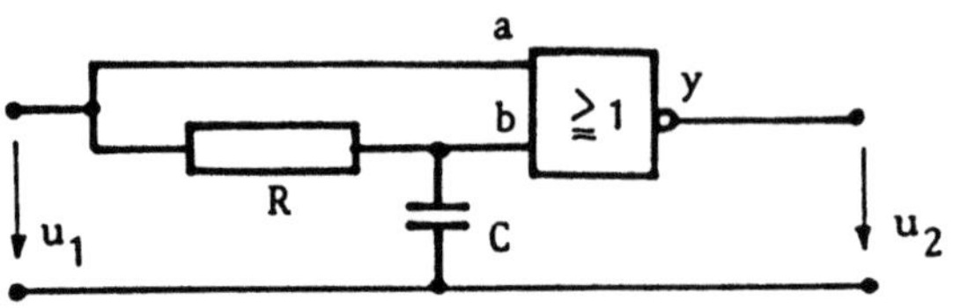


| a | b | y |
|---|---|---|
| 0 | 0 | 1 |
| 1 | 0 | 0 |
| 0 | 1 | 0 |
| 1 | 1 | 0 |

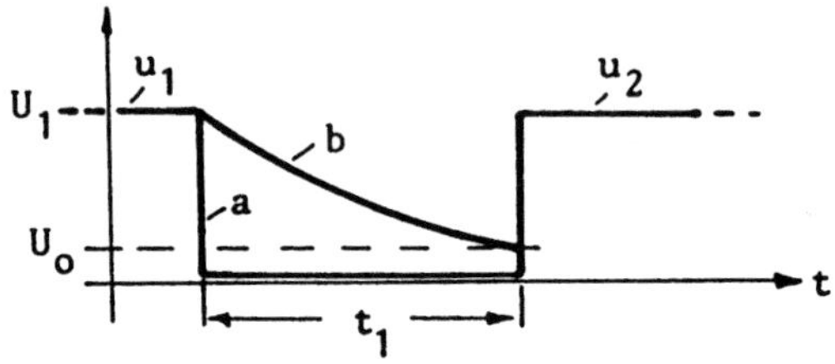


Gesucht ist die Verzögerung $t_1$.

Wir übernehmen die Lösung (5) für den Ausschaltvorgang:

$$b = U_1 e^{-t/\tau}$$

$$b(t_1) = U_0 = U_1 e^{-t_1/\tau}.$$

Dies ergibt, nach $t_1$ aufgelöst:

$$t_1 = RC \cdot \ln \frac{U_1}{U_0}.$$

Für $U_1 = 5$ V und $U_0 = 0{,}4$ V folgt daraus:

$$t_1 = 2{,}53 \cdot RC.$$

### 2.1.2.5 Rechteckspannung

Legt man eine Rechteckspannung an ein RC-Glied, so wechseln sich Ein- und Ausschaltperioden ab. Man kann den sich ergebenden Spannungsverlauf $u_2$ abschnittsweise leicht berechnen, wenn man bei $t = 0$ beginnend den Einschaltvorgang berechnet.

$u_2(T/2)$ ist dann der Anfangswert für den folgenden Einschaltvorgang. Daraus folgt $u_2(T)$ als Anfangswert für den folgenden Einschaltvorgang, usw.. Nach genügend langer Zeit ist ein stationärer Verlauf von $u_2$ entstanden, den man ohne Dgl. berechnen kann, wenn man annimmt, $u_2$ ändere sich stets mit der Zeitkonstanten $\tau = R \cdot C$ [2].

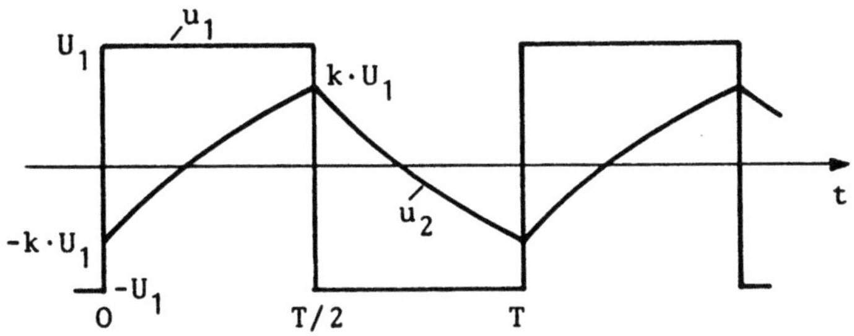


Weiterhin setzen wir voraus, daß $u_2$ sich symmetrisch zur Nullinie einpendelt. Dann liest man aus der Abbildung ab:

$$0 < t < T/2: \quad u_2 = (U_1 + k \cdot U_1) \cdot (1 - e^{-\frac{t}{\tau}}) - k \cdot U_1$$
$$T/2 < t < T: \quad u_2 = -(U_1 + kU_1) \cdot (1 - e^{-\frac{(t-T/2)}{\tau}}) + k \cdot U_1. \tag{17}$$

Das unbekannte k ergibt sich aus $u_2(T/2) = k \cdot U_1$ zu

$$k = \frac{e^{\frac{T}{2\tau}} - 1}{e^{\frac{T}{2\tau}} + 1} = \tanh \frac{T}{4\tau}.$$

Dies in (17) ergibt den gesuchten Verlauf von $u_2$.

### 2.1.3 Das belastete RC-Glied

RC-Glieder liefern ihre Ausgangsspannung $u_2$ an Folgeschaltungen mit einem Eingangswiderstand $R_e$.

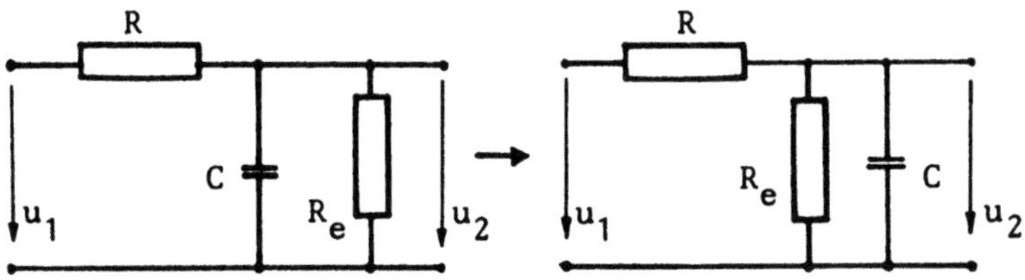


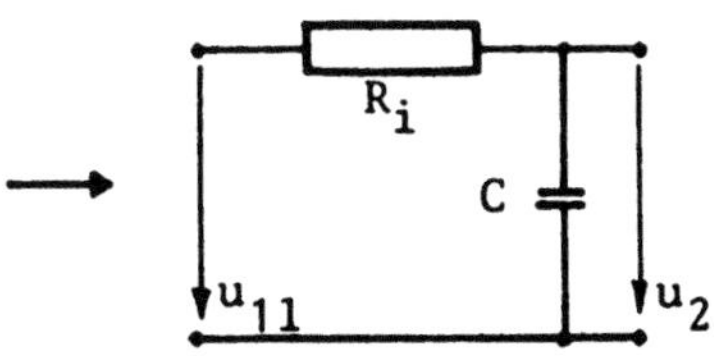

Die resultierende Schaltung kann durch eine Ersatzschaltung dargestellt werden mit

$$R_i = R//R_e; \tag{18}$$

und

$$u_{1i} = u_1 \cdot \frac{R_e}{R + R_e}. \tag{19}$$

Damit ist die Aufgabe auf (1) zurückgeführt.

### 2.1.4 Das CR-Glied

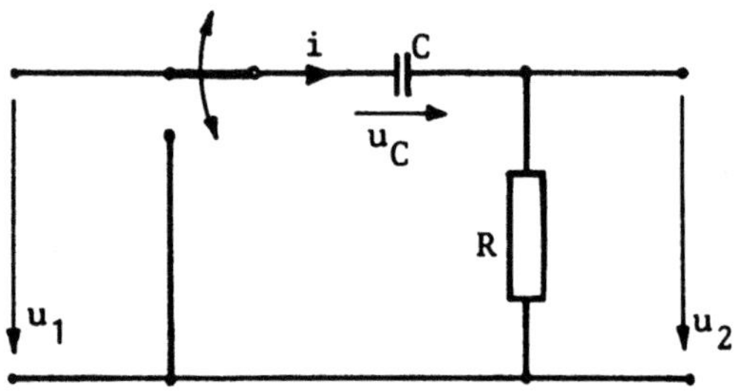


Die Kirchhoffsche Maschenregel liefert:

$$u_C + u_R = u_1,$$

$$u_C + R \cdot i = u_1.$$

Mit Tabelle 1:

$$u_C + R \cdot C \cdot u_C' = u_1.$$

Dies entspricht (1) und kann wie in Abschnitt 2.1 beschrieben gelöst werden. Das gesuchte $u_2$ folgt dann mittels Tabelle 1 aus $u_C$:

$$u_2 = R \cdot i = R \cdot C \cdot u_C' \tag{20}$$

1. Kurzschluß des Eingangs bei aufgeladenem Kondensator

Aus (5) folgt mit $u_C$ statt $u_2$:

$$u_C' = -\frac{1}{\tau} \cdot U_0 \cdot e^{-\frac{t}{\tau}},$$

also

$$u_2 = -U_0 \cdot e^{-\frac{t}{\tau}}. \tag{21}$$

Das Minus bedeutet Spannung $u_2$ entgegen dem Pfeil der Skizze.

2. Eingeschaltete Gleichspannung

Aus (8) folgt:

$$u_C' = \frac{U_0}{\tau} \cdot e^{-\frac{t}{\tau}},$$

also

$$u_2 = U_0 \cdot e^{-\frac{t}{\tau}}. \qquad (22)$$

3. Rampenspannung

Aus (11) folgt

$$u_C' = k \cdot \left[1 - \frac{\tau}{\tau} \cdot e^{-\frac{t}{\tau}}\right],$$

$$u_2 = k \cdot R \cdot C \cdot \left[1 - e^{-\frac{t}{\tau}}\right]. \qquad (23)$$

Nach einiger Zeit bleibt also $u_2$ konstant trotz weiterhin steigender Eingangsspannung.

4. Wechselspannung

Aus (14) folgt

$$u_C' = \frac{U \cdot \omega \cdot \tau}{1 + (\omega \cdot \tau)^2} \cdot \left[-\frac{1}{\tau} \cdot e^{-\frac{t}{\tau}} + \frac{1}{\tau} \cdot \cos \omega t + \omega \cdot \sin \omega t\right].$$

Daraus wieder $u_2$ mittels (20).

## 2.2 Das RL-Glied

Das RL-Glied liegt normalerweise vor in Form einer Spule, so daß es sinnvoll ist, nach dem Verhalten des Spulenstromes i zu fragen. Dessen Berechnung erfolgt vollkommen analog zur RC-Berechnung in Abschnitt 2.1.

Wünscht man $u_L$ zu wissen, so bedient man sich der Beziehung $u_L = L \cdot i'$ mit i gemäß Folgendem.

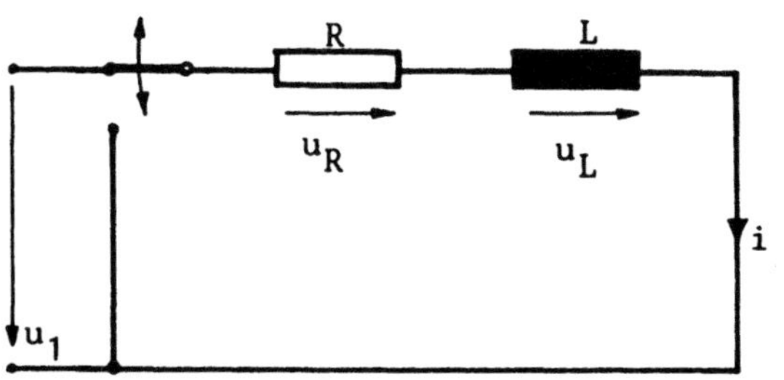

Die Kirchhoffsche Maschenregel liefert

$$u_R + u_L = u_1.$$

Mit Tabelle 1:

$$R \cdot i + L \cdot i' = u_1. \tag{24}$$

Diese inhomogene Dgl. erster Ordnung beschreibt obige Schaltung.

### 2.2.1 Ausschaltvorgang

Es fließe für $t < 0$ ein Strom $I = \frac{U_0}{R}$. Bei $t = 0$ wird $u_1$ abgetrennt und die Spule kurzgeschlossen. Gesucht ist $i(t \geqq 0)$.

Aus (24) folgt

$$R \cdot i + L \cdot i' = 0. \tag{24a}$$

Man findet dazu genau wie in Abschnitt 2.1.1 die allgemeine Lösung

$$i = A \cdot e^{-\frac{t}{\tau}}, \tag{25}$$

woraus hier folgt

$$i = I \cdot e^{-\frac{t}{\tau}} \quad \text{mit} \quad \tau = \frac{L}{R}. \tag{26}$$

Der Strom i nimmt erwartungsgemäß ab bis $i = 0$.

### 2.2.2 Einschaltvorgang

#### 2.2.2.1 Gleichspannung

Es gilt (24) mit $u_1 = U_0$:

$$R \cdot i + L \cdot i' = U_0,$$

bzw.

$$i + \tau \cdot i' = I, \quad \tau = \frac{L}{R}. \tag{27}$$

(27) entspricht genau (6), so daß man die dortige Lösung (8) umgeschrieben übernehmen kann:

$$i = I \cdot (1 - e^{-\frac{t}{\tau}}). \tag{28}$$

#### 2.2.2.2 Rampenspannung

Es gilt (24) mit $u_1 = k \cdot t$:

$$R \cdot i + L \cdot i' = k \cdot t. \tag{29}$$

Wir übernehmen die Lösung der homogenen Dgl. aus Abschnitt 2.1.1, (3):

$$i = A \cdot e^{-\frac{t}{\tau}}. \tag{30}$$

Für die inhomogene Dgl. (29) machen wir den Ansatz „in Form" des Störgliedes

$$i = a + b \cdot t. \tag{31}$$

Durch Einsetzen in (29) und Koeffizientenvergleich erhält man wie in Abschnitt 2.1.2.2:

$$a = -\frac{k}{R} \cdot \tau,$$

$$b = \frac{k}{R}.$$

Man setzt diese Konstanten in (31) ein und addiert (30) + (31). Mit der Anfangsbedingung $i(0) = 0$ folgt die Lösung

$$i = \frac{k}{R} \cdot [t - \tau \cdot (1 - e^{-\frac{t}{\tau}})]. \tag{32}$$

Man vergleiche (32) mit (11).

#### 2.2.2.3 Wechselspannung

Es gilt (24) mit $u_1 = U \cdot \sin \omega t$:

$$R \cdot i + L \cdot i' = U \cdot \sin \omega t. \tag{33}$$

Wir übernehmen die Lösung der homogenen Dgl. wieder aus Abschnitt 2.1.1, (3):

$$i = A \cdot e^{-\frac{t}{\tau}}, \quad \tau = \frac{L}{R}. \tag{30}$$

Wie in Abschnitt 2.1.2.3 machen wir für die inhomogene Dgl. den Ansatz „in Form" des Störgliedes:

$$i = B \cdot \sin \omega t + D \cdot \cos \omega t. \tag{34}$$

(34) in (33) ergibt durch Koeffizientenvergleich:

$$B = \frac{U}{L} \cdot \frac{\tau}{1 + (\omega \cdot \tau)^2},$$

$$D = -\frac{U}{R} \cdot \frac{\omega \cdot \tau}{1 + (\omega \cdot \tau)^2}.$$

Dies in (34), dann (34) + (30) und daraus mittels $i(0) = 0$ Bestimmung von A, so daß folgt:

$$i = \frac{U \cdot \omega \cdot \tau}{1 + (\omega \cdot \tau)^2} \cdot \frac{1}{R} \cdot \left[ e^{-\frac{t}{\tau}} + \frac{1}{\omega \cdot \tau} \cdot \sin \omega t - \cos \omega t \right]. \tag{35}$$

Man vergleiche mit (14).

# 3 Berechnung von Ausgleichsvorgängen mit Laplace-Transformation

Bei der Berechnung von Einschaltvorgängen mittels Laplace-Transformation brauchen keine Dgl. aufgestellt werden, sondern lediglich algebraische Gleichungen. Bei den Ausschaltvorgängen ist es einfacher, zunächst die Dgl. hinzuschreiben und sie dann mittels Laplace-Transformation in algebraische Gleichungen umzuformen. Die Anwendung der Laplace-Transformation ist auch möglich, wenn man den umfangreichen mathematischen Apparat nicht kennt, der im Hintergrund steht [3].

Wichtig ist nur die Kenntnis der Transformationsbeziehungen, der sogenannten Korrespondenzen.

Anhand des folgenden Flußdiagramms erfolgt die Erläuterung des Verfahrens.

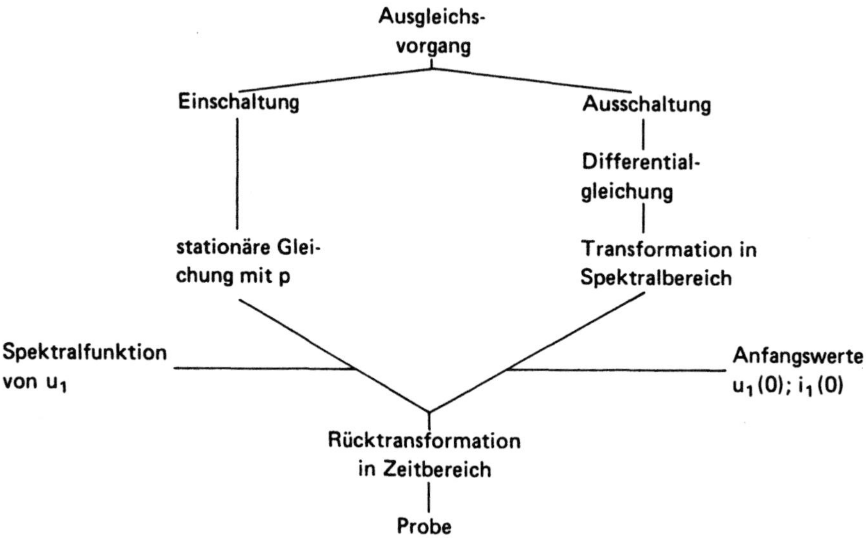


## 3.1 Einschaltvorgang

### 3.1.1 Übertragungsfunktion

Man berechnet die gesuchte Ausgangsgröße $u_2$ bzw. $i_2$ wie im stationären Fall mit den Kirchhoffschen Regeln und komplexer Rechnung. Dabei setzt man abkürzend $j \cdot \omega = p$.

$$u_2 = F(p) \cdot u_1 \qquad (1)$$

F(p) nennt man die Übertragungsfunktion.

### 3.1.2 Spektralfunktion

Man wählt die dem gegebenen zeitlichen Verlauf der Eingangsgröße $u_1(t)$ entsprechende Spektralfunktion $u_1(p)$ mit Hilfe der Tabelle 2.

### 3.1.3 Rücktransformation

Die aus (1) sich ergebende Beziehung wird nun vom Spektralbereich in den Zeitbereich zurück transformiert. D.h., man sucht in Tabelle 3 die zur gefundenen Spektralfunktion $u_2(p)$ gehörige Zeitfunktion $u_2(t)$ auf.

Damit ist der Einschaltvorgang berechnet. Natürlich gilt für ein eventuell gesuchtes $i_2$ das Entsprechende.

## 3.2 Ausschaltvorgang

### 3.2.1 Integrodifferentialgleichung

Man stellt die Integrodifferentialgleichung der Schaltung auf mit Hilfe der Kirchhoffschen Regeln und Tabelle 1, wie in Abschnitt 1 beschrieben.

### 3.2.2 Spektralbereich

Man transformiert die gesamte Integro-Dgl. in den Spektralbereich, indem man die Differentiation durch eine Multiplikation mit p und eine eventuelle Integration durch eine Division durch p ersetzt. Vgl. dazu Tabelle 4.

### 3.2.3 Anfangswerte

Man führt die geforderten Anfangswerte $u_1(0)$, $i_1(0)$ ein. Sie ergeben sich, wie bei der Lösung mit Dgl., aus dem Zustand $t \leqq 0$.

### 3.2.4 Algebraische Gleichung

Die so erarbeitete algebraische Gleichung wird nach $u_2$ (bzw. $i_2$) aufgelöst:

$$u_2(p) = F(p, u_1(0), i_1(0)).$$

### 3.2.5 Rücktransformation

Die Spektralfunktion F wird mittels Tabelle 3 in den Zeitbereich zurück transformiert. Damit ist die Lösung gewonnen.

**Tabelle 2** Von der Zeitfunktion zur Spektralfunktion

| Nr. | Zeitfunktion $u_1(t)$ | Spektralfunktion $u_1(p)$ |
|---|---|---|
| 1 |   | $\frac{U_0}{p}$ |
| 2 |   | 1 |
| 3 | 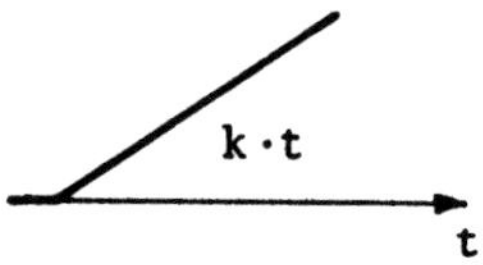  | $\frac{k}{p^2}$ |
| 4 | 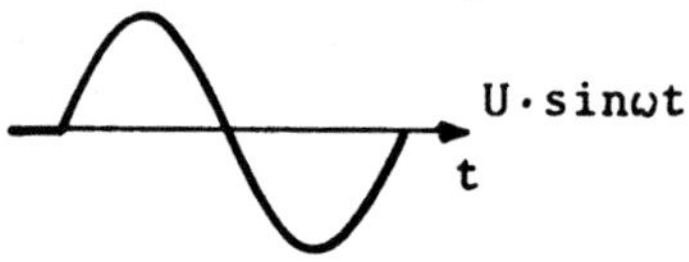  | $\frac{U \cdot \omega}{p^2 + \omega^2}$ |
| 5 | 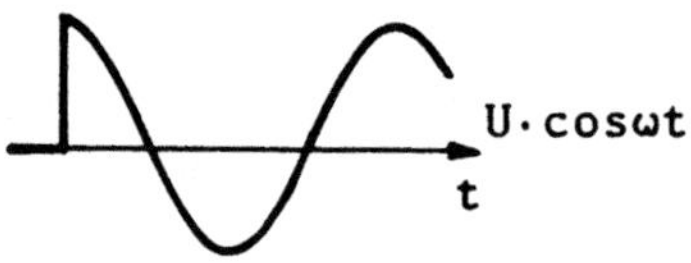  | $\frac{U \cdot p}{p^2 + \omega^2}$ |
| 6 | 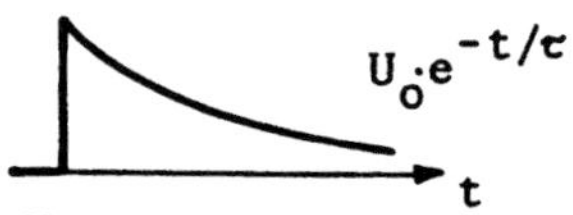  | $\frac{U_0}{p + \frac{1}{\tau}}$ |
| 7 | 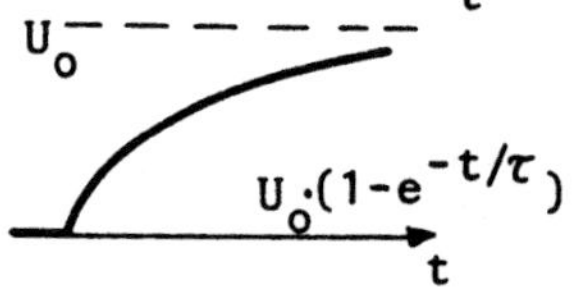  | $\frac{U_0}{p \cdot (\tau \cdot p + 1)}$ |
| 8 | 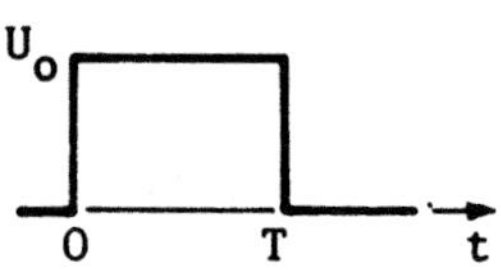  | $\frac{U_0}{p} \cdot (1 - e^{-p \cdot T})$ |

**Tabelle 3** Von der Spektralfunktion zur Zeitfunktion

| Nr. | Spektralfunktion $u_2(p)$ | Zeitfunktion $u_2(t)$ |
|---|---|---|
| 1 | $\frac{U_0}{p \pm b}$ | $U_0 \cdot e^{\pm bt}$ |
| 2 | $\frac{U_0}{p \cdot (a \cdot p + 1)}$ | $U_0 \cdot (1 - e^{-t/a})$ |
| 3 | $\frac{k}{p^2}$ | $k \cdot t$ |
| 4 | $\frac{1}{p^2 \cdot (a \cdot p + 1)}$ | $a \cdot e^{-t/a} + t - a$ |
| 5a | | $\vartheta < \omega_0$: $\frac{e^{-\vartheta \cdot t}}{\omega} \cdot \sin \omega t; \quad \omega = \sqrt{\omega_0^2 - \vartheta^2}$ |
| 5b | $\frac{1}{p^2 + 2 \cdot \vartheta \cdot p + \omega_0^2}$ | $\vartheta > \omega_0$: $\frac{e^{-\vartheta \cdot t}}{D} \cdot \sinh (D \cdot t); \quad D = \sqrt{\vartheta^2 - \omega_0^2}$ |
| 5c | | $\vartheta = \omega_0$: $t \cdot e^{-\vartheta \cdot t}$ |
| 6a | | $\vartheta < \omega_0$: $\frac{1}{\omega_0^2} \cdot \left[1 - \left(\cos \omega t + \frac{\vartheta}{\omega} \cdot \sin \omega t\right) \cdot e^{-\vartheta \cdot t}\right]$ $\omega$ vgl. 5a |
| 6b | $\frac{1}{p \cdot (p^2 + 2 \cdot \vartheta \cdot p + \omega_0^2)}$ | $\vartheta > \omega_0$: $\frac{1}{\omega_0^2} \cdot \left[1 - e^{-\vartheta \cdot t} \cdot \left(\cosh (D \cdot t) + \frac{\vartheta}{D} \cdot \sinh (D \cdot t)\right)\right]$ D vgl. 5b |
| 6c | | $\vartheta = \omega_0$: $\frac{1}{\vartheta^2} \cdot [1 - (1 + \vartheta \cdot t) \cdot e^{-\vartheta \cdot t}]$ |
| 7a | | $\vartheta < \omega_0$: $e^{-\vartheta \cdot t} \cdot \left[\cos \omega t - \frac{\vartheta}{\omega} \cdot \sin \omega t\right]$ $\omega$ vgl. 5a |
| 7b | $\frac{p}{p^2 + 2 \cdot \vartheta \cdot p + \omega_0^2}$ | $\vartheta > \omega_0$: $e^{-\vartheta \cdot t} \cdot \left[\cosh (D \cdot t) - \frac{\vartheta}{D} \cdot \sinh (D \cdot t)\right]$ D vgl. 5b |
| 7c | | $\vartheta = \omega_0$: $e^{-\vartheta \cdot t} \cdot [1 - \vartheta \cdot t]$ |
| 8 | $\frac{p}{(p - a) \cdot (p - b)}$ | $\frac{1}{a - b} \cdot (a \cdot e^{a \cdot t} - b \cdot e^{b \cdot t})$ |

Tabelle 3 Fortsetzung

| Nr. | Spektralfunktion $u_2(p)$ | Zeitfunktion $u_2(t)$ |
|---|---|---|
| 9 | $\frac{1}{(p-a)\cdot(p-b)\cdot(p-c)}$ | $\frac{(c-b)\cdot e^{a\cdot t}+(a-c)\cdot e^{b\cdot t}+(b-a)\cdot e^{c\cdot t}}{(a-b)\cdot(b-c)\cdot(c-a)}$ $=\frac{e^{a\cdot t}}{(a-b)\cdot(a-c)}+\frac{e^{b\cdot t}}{(b-a)\cdot(b-c)}+\frac{e^{c\cdot t}}{(c-a)\cdot(c-b)}$ |
| 10 | $\frac{1}{(p-a)\cdot(p-b)\cdot(p-c)\cdot(p-d)}$ | $\frac{e^{a\cdot t}}{(a-b)\cdot(a-c)\cdot(a-d)}+\frac{e^{b\cdot t}}{(b-a)\cdot(b-c)\cdot(b-d)}+\frac{e^{c\cdot t}}{(c-a)\cdot(c-b)\cdot(c-d)}+\frac{e^{d\cdot t}}{(d-a)\cdot(d-b)\cdot(d-c)}$ |
| 11 | $S(p)\cdot e^{-p\cdot T}$ | $\begin{cases} 0 \text{ für } t < T \\ S(t-T) \text{ für } t \geqq T \end{cases}$ |

**Tabelle 4** Ströme und Spannungen an R, L, C

| | | R | L | C |
|---|---|---|---|---|
| u = | Zeitbereich | $R\cdot i$ | $L\cdot i'$ | $\frac{1}{C}\cdot\int i\,dt+u(0)$ |
| | Spektralbereich | $R\cdot i$ | $L\cdot(p\cdot i-i(0))$ | $\frac{1}{C\cdot p}\cdot i+\frac{u(0)}{p}$ |
| i = | Zeitbereich | $\frac{u}{R}$ | $\frac{1}{L}\cdot\int u\,dt+i(0)$ | $C\cdot u'$ |
| | Spektralbereich | $\frac{u}{R}$ | $\frac{u}{L\cdot p}+\frac{i(0)}{p}$ | $C\cdot(p\cdot u-u(0))$ |

# 4 Berechnungsbeispiele von Schaltungen mit einem Energiespeicher mittels Laplace-Transformation

## 4.1 Das RC-Glied

### 4.1.1 Einschaltvorgang

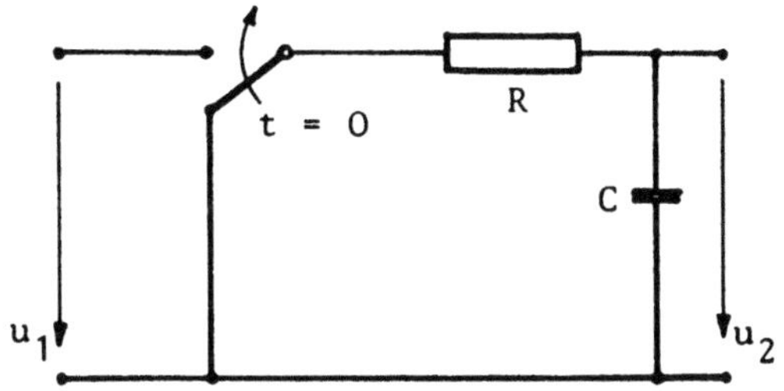


Die Übertragungsfunktion ist hier die Spannungsteilerformel

$$u_2 = u_1 \cdot \frac{\frac{1}{p \cdot C}}{R + \frac{1}{p \cdot C}} = u_1 \cdot \frac{1}{p \cdot \tau + 1}; \qquad \tau = R \cdot C. \tag{1}^*$$

#### 4.1.1.1 Gleichspannung

Für das Einschalten einer Gleichspannung gilt die Spektralfunktion nach Tabelle 2 Nr. 1, also aus (1):

$$u_2 = \frac{U_0}{p} \cdot \frac{1}{p \cdot \tau + 1}. \tag{2}$$

Dies ist schon die Lösung im Spektralbereich. Die Rücktransformation in den Zeitbereich erfolgt mit Tabelle 3, Nr. 2:

$$u_2 = U_0 \cdot (1 - e^{-t/\tau}). \tag{3}$$

Man vergleiche mit Abschnitt 2.1.2.1 (8).

* Anmerkung: Bei der hier angewandten verkürzten Schreibweise ist $u_1 = u_1(t)$ noch als Zeitfunktion, der folgende Ausdruck (Bruch) bereits als Spektralfunktion geschrieben. Das erlaubt es uns, im Folgenden nur noch die Zeitfunktion durch die der aktuellen Störfunktion $u_1(t)$ entsprechende Spektralfunktion $u_1(p)$ zu ersetzen.

#### 4.1.1.2 Rampenspannung

Man setzt in (1) nunmehr die Spektralfunktion der Rampenspannung ein. Mit Tabelle 2, Nr. 3:

$$u_2(p) = \frac{k}{p^2} \cdot \frac{1}{p \cdot \tau + 1}; \qquad \tau = R \cdot C. \tag{4}$$

Die Rücktransformation vom Spektral- in den Zeitbereich erfolgt mittels Tabelle 3, Nr. 4:

$$u_2(t) = k \cdot (\tau \cdot e^{-t/\tau} + t - \tau). \tag{5}$$

Man vergleiche diese Lösung mit Abschnitt 2.1.2.2 (11).

#### 4.1.1.3 Wechselspannung

Beim Einschalten einer Wechselspannung setzt man die Spektralfunktion der Wechselspannung $u_1 = U \cdot \sin \omega t$ ein (Tabelle 2, Nr. 4):

$$u_2(p) = \frac{U \cdot \omega}{p^2 + \omega^2} \cdot \frac{1}{p \cdot \tau + 1}. \tag{6}$$

Der Nenner ist ein Polynom dritten Grades mit den Lösungen

$$p_1 = -\frac{1}{\tau} \qquad (= a)$$

$$p_2 = +j\omega \qquad (= b)$$

$$p_3 = -j\omega \qquad (= c)$$

also

$$u_2(p) = U \cdot \frac{\omega}{\tau} \cdot \frac{1}{\left(p + \frac{1}{\tau}\right) \cdot (p - j\omega) \cdot (p + j\omega)} \tag{6a}$$

Die Rücktransformation vom Spektral- in den Zeitbereich erfolgt mittels Tabelle 3, Nr. 9:

$$u_2(t) = \frac{U \cdot \omega}{\tau} \cdot \left[ \frac{e^{-t/\tau}}{\left(-\frac{1}{\tau} - j\omega\right) \cdot \left(-\frac{1}{\tau} + j\omega\right)} + \frac{e^{j\omega t}}{\left(j\omega + \frac{1}{\tau}\right) \cdot (j\omega + j\omega)} + \frac{e^{-j\omega t}}{\left(-j\omega + \frac{1}{\tau}\right) \cdot (-j\omega - j\omega)} \right].$$

Diese Lösung läßt sich umformen, wenn man die Eulersche Beziehung

$$e^{j\omega t} = \cos \omega t + j \cdot \sin \omega t$$

zuhilfe nimmt:

$$u_2(t) = \frac{U \cdot \omega \cdot \tau}{1 + (\omega \cdot \tau)^2} \cdot \left[ e^{-t/\tau} + \frac{1}{\omega \cdot \tau} \cdot \sin \omega t - \cos \omega t \right]. \tag{7}$$

Man vergleiche mit Abschnitt 2.1.2.3 (14).

Bemerkung:
Neben den üblichen Proben $u_2(0)$ und $u_2(t \to \infty)$ und der Dimensionsprobe ist es ein untrügliches Anzeichen für einen vorhandenen Rechenfehler, wenn das Ergebnis nicht reell ist.

### 4.1.2 Ausschaltvorgang

Gemäß dem in Abschnitt 3.2 Gesagten geht man von der homogenen Dgl. (Abschnitt 2.1.1 (2)) aus

$$\tau \cdot u_2' + u_2 = 0. \tag{2.2}$$

Mittels Tabelle 4 wird $u_2'$ ersetzt:

$$\tau \cdot (p \cdot u_2 - u_2(0)) + u_2 = 0.$$

Es ist $u_2(0) = U_0$ die Spannung an C vor dem Schaltvorgang. Damit folgt durch Umformung

$$u_2 = \frac{U_0}{p + 1/\tau}. \tag{8}$$

Diese Lösung im Spektralbereich transformiert man mit Tabelle 3, Nr. 1 zurück in den Zeitbereich:

$$u_2 = U_0 \cdot e^{-t/\tau}. \tag{9}$$

## 4.2 Das RL-Glied

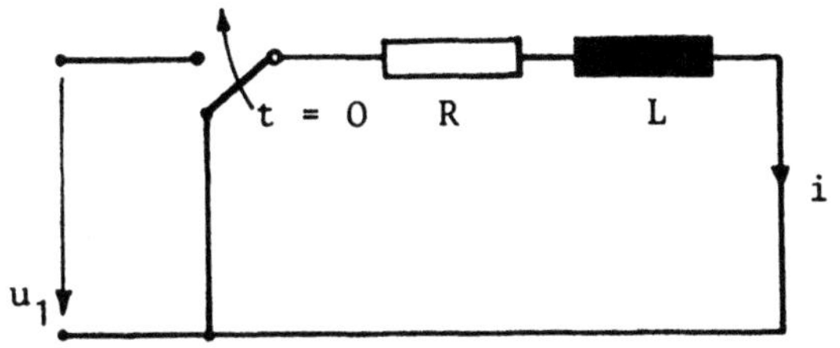


### 4.2.1 Einschaltvorgang

#### 4.2.1.1 Gleichspannung

Die Übertragungsfunktion ergibt sich formal aus dem stationären Zustand mit Kirchhoffscher Regel und komplexer Rechnung:

$$i = \frac{u_1}{R + p \cdot L} = \frac{u_1}{R} \cdot \frac{1}{p \cdot \tau + 1}; \quad \tau = \frac{L}{R}. \tag{10}$$

Mit Tabelle 2, Nr. 1 für $u_1$ wird daraus

$$i = \frac{U_0}{R} \cdot \frac{1}{p \cdot (p \cdot \tau + 1)}.$$

Die Rücktransformation dieser Lösung vom Spektral- in den Zeitbereich erfolgt wie in Abschnitt 4.1.1.1 mit Tabelle 3, Nr. 2:

$$i = \frac{U_0}{R} \cdot (1 - e^{-t/\tau}). \tag{11}$$

Man vergleiche mit Abschnitt 2.2.2.1 (28).

Wird $u_L$ gesucht, so setzt man allgemein die folgende Übertragungsfunktion an:

$$u_L = u_1 \cdot \frac{p \cdot L}{p \cdot L + R} = u_1 \cdot \frac{p}{p + \frac{1}{\tau}}.$$

Mit $u_1 = \frac{U_0}{p}$ ergibt sich

$$u_L = U_0 \cdot \frac{1}{p + \frac{1}{\tau}}. \tag{12}$$

Daraus wird mit Tabelle 3, Nr. 1:

$$u_L = U_0 \cdot e^{-t/\tau}. \tag{13}$$

#### 4.2.1.2 Rampenspannung

In die allgemeine Beziehung (10) wird wie in Abschnitt 4.1.1.2 $u_1$ gemäß Tabelle 2, Nr. 3 eingesetzt:

$$i = \frac{k}{R} \cdot \frac{1}{p^2 \cdot (p \cdot \tau + 1)}; \quad \tau = \frac{L}{R}. \tag{14}$$

Daraus, mit Tabelle 3, Nr. 4:

$$i = \frac{k}{R} \cdot [\tau \cdot e^{-t/\tau} + t - \tau]. \tag{15}$$

Man vergleiche mit Abschnitt 2.2.2.2 (32).

#### 4.2.1.3 Wechselspannung

In die allgemeine Beziehung (10) wird wie in Abschnitt 4.1.1.3 $u_1$ gemäß Tabelle 2, Nr. 4 eingesetzt:

$$i = \frac{1}{R} \cdot \frac{U \cdot \omega}{p^2 + \omega^2} \cdot \frac{1}{p \cdot \tau + 1}.$$

Dies stimmt bis auf den Faktor $\frac{1}{R}$ mit (6) überein, also muß auch die Lösung der dortigen Lösung (7) entsprechen: Mit Tabelle 3, Nr. 9, nach einer Umformung wie bei Abschnitt 4.1.1.3, folgt:

$$i = \frac{1}{R} \cdot \frac{U \cdot \omega \cdot \tau}{1 + (\omega \cdot \tau)^2} \cdot \left[ e^{-t/\tau} + \frac{1}{\omega \cdot \tau} \cdot \sin \omega t - \cos \omega t \right]. \tag{16}$$

Man vergleiche mit Abschnitt 2.2.2.3 (35).

### 4.2.2 Ausschaltvorgang

Wir übernehmen die Dgl. (24a) aus Abschnitt 2.2:

$$R \cdot i + L \cdot i' = 0.$$

Diese Beziehung transformieren wir mittels Tabelle 4 in den Spektralbereich:

$$R \cdot i + L \cdot (p \cdot i - i(0)) = 0. \qquad (17)$$

Dabei ist i (0) der kurz vor dem Umschalten fließende Gesamtstrom $I = \frac{U}{R}$.
Aus (17):

$$i = \frac{I \cdot L}{R + p \cdot L} = I \cdot \frac{1}{p + \frac{1}{\tau}}; \qquad \tau = \frac{L}{R}.$$

Diese Beziehung transformieren wir mit Tabelle 3, Nr. 1 zurück in den Zeitbereich:

$$i = I \cdot e^{-t/\tau}. \qquad (18)$$

Man vergleiche mit Abschnitt 2.1.4 (26).

# 5 Die numerische Berechnung von Ausgleichsvorgängen mit einem Energiespeicher

Wird das Aufsuchen einer exakten Lösung der Dgl. zu aufwendig oder ist dies sogar unmöglich, so kann man durch ein numerisches Verfahren direkt eine Näherungslösung konstruieren. Vorteil dieser Methode ist es, daß man unmittelbar Funktionswerte für einzelne, diskrete Argumentwerte bekommt.

Nachteil ist, daß eine Verfahrenskonstante (Schrittweite) eingeführt werden muß, von deren Wahl die Genauigkeit der Rechnung und deren Aufwand abhängt.

## 5.1 Das Polygonzugverfahren

### 5.1.1 Die mathematische Grundlage

Dieses mathematisch einfache und leicht zu programmierende Verfahren zeigen wir am Beispiel eines RC-Gliedes mit Rampenspannung.

Nach Abschnitt 2.1.2.2 (9) gilt die Dgl.

$$R \cdot C \cdot u_2' + u_2 = k \cdot t.$$

Wir konzentrieren uns auf das Wesentliche und vereinfachen diese Dgl., indem wir setzen:

$$R \cdot C = 1, \quad k = 1, \quad \text{sowie} \quad u_2 = y.$$

Somit erhalten wir die Dgl.

$$\frac{dy(t)}{dt} = -y(t) + t = g(t, y(t)) \tag{1}$$

für die gesuchte Funktion $y = y(t)$. Diese Funktion ist eindeutig festgelegt, wenn noch zusätzlich für einen Abszissenwert $t = t_0$ der Funktionswert (Anfangswert)

$$y(t_0) = y_0 \tag{2}$$

angegeben wird.

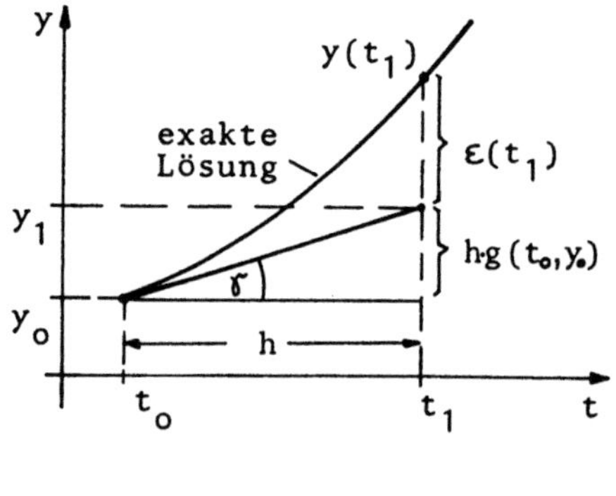

Durch Einsetzen von (2) in (1) erhalten wir die Steigung $\gamma$ (Ableitung) der gesuchten Funktion im Punkt $(t_0, y_0)$. Das Polygonzugverfahren hält im Gegensatz zur exakten Lösung diese Steigung in einem Intervall der Länge $\Delta t = h$ konstant und nimmt den Wert

$$y_1 = y_0 + h \cdot g(t_0, y_0) \tag{3}$$

als Näherungswert für $y(t_1)$ mit

$$t_1 = t_0 + h. \tag{4}$$

Man kann zeigen, daß der Fehler

$$\epsilon(t_1) = y_1 - y(t_1) \tag{5}$$

beim Polygonzugverfahren proportional zur Schrittweite h ist. Will man den Verfahrensfehler $\epsilon$ verkleinern, so muß man die Verfahrenskonstante h kleiner machen. Dies bedeutet eine Vergrößerung des Rechenaufwandes, da mehr Integrationsschritte nach (3) bis zum Erreichen einer Endabszisse benötigt werden. Für die praktische Rechnung muß man daher einen Kompromiß zwischen Rechenaufwand und Genauigkeit eingehen.

Für die Dgl. (1) mit dem Anfangswert $y(0) = 0$ sind die Ergebnisse der Rechnung in der folgenden Tabelle eingetragen und mit der exakten Lösung (vgl. Abschnitt 2.1.2.2 (11))

$$y(t) = t - 1 + e^{-t}$$

verglichen.

Man erkennt, daß sich bei Halbierung der Schrittweite der Fehler an vergleichbaren t-Werten ebenfalls (näherungsweise) halbiert hat. Bei der praktischen Rechnung ist natürlich die Spalte mit den $\epsilon$-Werten nicht bekannt. Dennoch kann man eine Vorstellung von der Größe des Verfahrensfehlers bekommen, wenn man die Näherungswerte vergleicht, die bei einer Schrittweite H und der Schrittweite $h = H/2$ errechnet werden. Für das Polygonzugverfahren gilt dabei

$$\epsilon(t) \approx y_H - y_h = \mathrm{KOR}. \tag{6}$$

Diese Werte sind ebenfalls in der Tabelle eingetragen.

| t | y | g(t, y) | ϵ | KOR |
|---|---|---|---|---|
| Schrittweite H = 0.2 | | | | |
| 0.000 | 0.000 | 0.000 | 0.000 | |
| 0.200 | 0.000 | 0.200 | −0.019 | |
| 0.400 | 0.040 | 0.360 | −0.030 | |
| 0.600 | 0.112 | 0.488 | −0.037 | |
| 0.800 | 0.210 | 0.590 | −0.040 | |
| 1.000 | 0.328 | 0.672 | −0.040 | |
| Schrittweite h = 0.1 | | | | |
| 0.000 | 0.000 | 0.000 | 0.000 | 0.000 |
| 0.100 | 0.000 | 0.100 | −0.005 | |
| 0.200 | 0.010 | 0.190 | −0.009 | −0.010 |
| 0.300 | 0.029 | 0.271 | −0.012 | |
| 0.400 | 0.056 | 0.344 | −0.014 | −0.016 |
| 0.500 | 0.090 | 0.410 | −0.016 | |
| 0.600 | 0.131 | 0.469 | −0.017 | −0.020 |
| 0.700 | 0.178 | 0.522 | −0.018 | |
| 0.800 | 0.230 | 0.570 | −0.019 | −0.021 |
| 0.900 | 0.287 | 0.613 | −0.019 | |
| 1.000 | 0.349 | 0.651 | −0.019 | −0.021 |

Dabei ist $g(t, y) = -y + t$; $\epsilon = y - y(t)$; $KOR = y_{0.2} - y_{0.1}$.

### 5.1.2 Das Flußdiagramm

Das Polygonzugverfahren, beschrieben durch (3) und (4), ist wegen seines einfachen Aufbaues für programmierbare Taschenrechner mit nur wenigen Programmlinien und wenigen Datenspeichern gut geeignet. Um die geringe Rechengenauigkeit auszugleichen, wollen wir uns für die Programmierung lediglich den „Komfort" leisten, daß jeweils erst nach m Schritten der errechnete y-Wert zur Anzeige gebracht wird. Wir entwickeln zunächst ein Flußdiagramm für ein Programm, mit dem wir alle bisher behandelten Schaltungen mit einem Energiespeicher behandeln können, ganz gleich, ob es sich um Einschalt- oder Ausschaltvorgänge handelt. Wir müssen im konkreten Fall lediglich ein Unterprogramm für die „rechte Seite" $g(t, y)$ der Dgl. $y' = g(t, y)$ hinzufügen. Es gelten die Formeln

Start: $t_0, y_0$.

$$\text{Rechenschritt:} \quad \left.\begin{aligned} t_k &:= t_{k-1} + h \\ y_k &:= y_{k-1} + h \cdot g(t_{k-1}, y_{k-1}) \end{aligned}\right\} \text{ für } k = 1, \ldots, m \tag{8}$$

Anzeige: $t_m, y_m$.

Der Index k dient lediglich der Zählung der Einzelschritte.

:= lies „ergibt sich zu" mit der Bedeutung: Man berechne den rechts vom Ergibtzeichen stehenden Ausdruck und speichere diese Zahl nach der links stehenden Variablen.

Damit erhalten wir das Flußdiagramm:

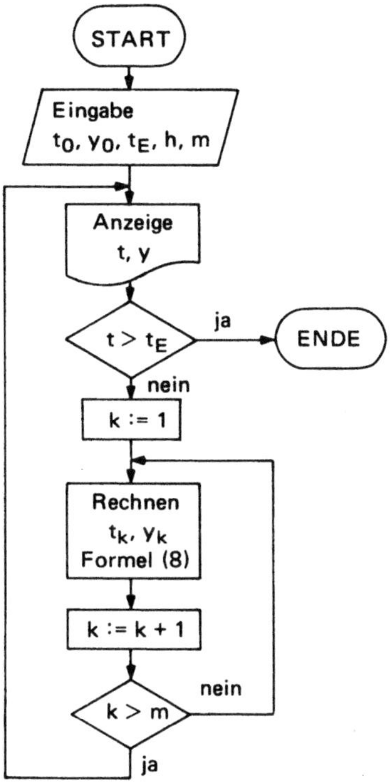


Anfangswerte: $t_0 \rightarrow t$

$y_0 \rightarrow y$

Endwert: $t_E$

Schrittweite: h

Zähler: m

Anzeige (Druck) von t und y alle m Schritte

Endetest

Zählindex setzen

neue Werte nach Polygonzugverfahren (8) berechnen:

$y + h \cdot g(t, y) \rightarrow y$

$t + h \rightarrow t$

Zählindex ändern

Zählindex testen

### 5.1.3 Das BASIC-Programm (Beispiel RC-Glied)

#### 5.1.3.1 Die tabellarische Ausgabe der Lösungswerte

Das zum Flußdiagramm gehörige BASIC-Programm umfaßt wenige Zeilen.

```
100 REM  POLYGON1
110 PRINT "Einheits-RC-Schaltung; Dgl. 1. Ordn.;Rampenspg."
120 INPUT "Start bei t=",T
130 INPUT "Anfangswert y(t)=",Y
140 INPUT "Endwert von t=",T1
150 INPUT "Schrittweite h=",H
160 INPUT "Druck nach m Schritten, m="M
170 PRINT " t=",T,"y=",Y
180 IF T>T1 THEN GOTO 400
190 FOR K=1 TO M
200 LET G=T-Y
210 LET Y=Y+H*G
220 LET T=T+H
230 NEXT K
240 GOTO 170
400 END
```

Die Differentialgleichung selbst erscheint in den Zeilen 200, 210, 220. Dabei entspricht die Zeile 220 der oberen Gleichung (8) und Zeile 210 der unteren Gleichung (8). Diese beiden Zeilen sind unabhängig von der Form des Störgliedes der Differentialgleichung. In Zeile 200 wird G berechnet, wie es in (8) als $g(t_{k-1}; y_{k-1})$ erscheint. G ist die rechte Seite der Differentialgleichung, wenn man den Differentialoperator expliziert nach links setzt. In (1) ist G für das Beispiel dargestellt:

$$G = -Y + T.$$

In G steckt also die Störfunktion (hier $y = T$).

Wenn die Differentialgleichung einmal „bedient" wurde, wird K um eins erhöht (Zeile 230) und ein weiterer Schritt gerechnet. Nach m Schritten wird der Wert zur Anzeige gebracht (Zeile 170).

Bei einem BASIC-Taschencomputer mit LCD-Anzeige schreibt man stattdessen:

170 PRINT T, Y.

Die Input-Zeilen wird man bei den Taschenrechnern ebenfalls einfacher gestalten:

120 INPUT "T", T, "Y(T)", Y, "TEnde", T1, "H", H, "M", M.

Einen Ausdruck für die Rampensteigung $k = 1$ und $R \cdot C = 1$ findet der Leser am Ende dieses Abschnittes.

Bei unveränderter Schaltung, d.h. unveränderter Differentialgleichung, wollen wir jetzt die Störfunktion ändern: Anstelle der Rampenspannung $y = k \cdot T$ soll jetzt eine Sinusspannung zum Zeitpunkt $T = 0$ eingeschaltet werden:

$$y = \sin(w \cdot t).$$

In dem BASIC-Programm ändert sich dann lediglich die Zeile 200:

```
100 REM      POLYGON1
110 PRINT "Einheits-RC-Schaltung; Dgl. 1. Ordn.;Sinusspannung"
115 INPUT "Kreisfrequenz w=",W
120 INPUT "Start bei t= ",T
130 INPUT "Anfangswert y(t)= ",Y
140 INPUT "Endwert von t= ",T1
150 INPUT "Schrittweite h= ",H
160 INPUT "Druck nach m Schritten, m= ",M
170 PRINT " t = ",T," y = ",Y
180 IF T>T1 THEN GOTO 400
190 FOR K=1 TO M
200 LET G=SIN(W*T)-Y
210 LET Y=Y+H*G
220 LET T=T+H
230 NEXT K
240 GOTO 170
400 END
```

Natürlich muß dann die Kreisfrequenz w auch in der Inputzeile 115 deklariert werden.

Eine kleine Finesse können wir bei Bedarf noch in das Programm einbauen: Unser Rechner liefert eine Pseudogenauigkeit von 6 oder mehr Stellen hinter dem Komma, obwohl das Polygonzugverfahren bei der im Beispiel gewählten Schrittweite kaum genauer als 1 % ist. Es genügt also bei weitem, 3 Stellen hinter dem Komma anzugeben. Dies geschieht in Zeile 170 dadurch, daß wir Y durch

INT (Y * 1000)/1000

ersetzen.

Einen Ausdruck für die Werte R · C = 1 und w = 6,28 (also Frequenz f = 1 Hz) findet man nachstehend.

```
Einheits-RC-Schaltung; Dgl. 1. Ordn.; Rampenspg.
Start bei t=?0
Anfangswert y(t)=?0
Endwert von t=?1.8
Schrittweite h=?.02
Druck nach m Schritten, m=?10
 t=      0        y=      0
 t=      0.2      y=      1.7 E-002
 t=      0.4      y=      6.7 E-002
 t=      0.6      y=      0.145
 t=      0.8      y=      0.245
 t=      1        y=      0.364
 t=      1.2      y=      0.497
 t=      1.4      y=      0.643
 t=      1.6      y=      0.798
 t=      1.8      y=      0.962
 t=      2        y=      1.132
READY
```

```
Einheits-RC-Schaltung; Dgl. 1. Ordn.; Sinusspannung
Kreisfrequenz w=?6.28
Start bei t= ?0
Anfangswert y(t)= ?0
Endwert von t= ?1.6
Schrittweite h= ?.002
Druck nach m Schritten, m= ?100
 t =     0         y =    0
 t =     0.2       y =    0.101
 t =     0.4       y =    0.244
 t =     0.6       y =    0.197
 t =     0.8       y =    -1 E-003
 t =     1         y =    -9.9 E-002
 t =     1.2       y =    2 E-002
 t =     1.4       y =    0.177
 t =     1.6       y =    0.143
 t =     1.8       y =    -4.5 E-002
READY
```

### 5.1.3.2 Die graphische Darstellung der Lösungskurve

Für den Besitzer eines Mikrocomputers mit Bildschirm und evtl. sogar Drucker bietet sich die Möglichkeit der direkten graphischen Darstellung des Ein- oder Ausschaltvorganges an. Das BASIC-Programm, das das leistet, ist nur 13 Zeilen lang:

```
100 REM Zeichnen des Kordinatensystems
110 GRAPH ON
120 MOVE (30,0,7)
130 MOVE (230,0,3)
140 MOVE (230,0)
150 MOVE (230,100)
160 MOVE (30,100)
170 MOVE (30,0)
180 MOVE (130,0,7)
190 MOVE (130,100,3)
200 MOVE (30,50,7)
210 MOVE (230,50,3)
220 MOVE (30,0,7)
230 PAGE
240 REM Zeichnen der Lösung der Dgl.
250 PRINT "Einheits-RC-Schaltung; Dgl. 1. Ordn.; Rampenspg."
260 INPUT "Start bei t=",T,"Anfangswert y(t)=",Y,"h=",H,"n=",A
270 LET N=1
280 MOVE (100*T+30,50*Y,1)
290 MOVE (100*T+30,50*T,7)
300 MOVE (100*T+30,50*T,3)
310 MOVE (100*T+30,50*Y,7)
320 LET N=N+1
330 LET G=T-Y
340 LET T=T+H
350 LET Y=Y+H*G
360 IF N<=A THEN GOTO 280
370 END
```

Verwendet wird mehrfach der BASIC-Befehl MOVE (x, y, a), den wir im Anhang erläutern.

In Zeile 280, die die alte PRINT-Zeile Nr. 170 ersetzt, wird der jeweilige Punkt der Lösungskurve gezeichnet. Die Faktoren 100 bei T und 50 bei Y dienen der Maßstabsanpassung (vgl. Anhang). Dann wird in den nachfolgenden Zeilen 290, 300, 310 der entsprechende Punkt der Störfunktion (hier Y = T) gezeichnet und zur Lösungskurve zurückgesprungen.

Der Leser wird bemerkt haben, daß wir hier auf den K-Zähler verzichten: Wir lassen jeden berechneten Punkt auch zeichnen und nicht nur jeden m-ten Punkt. Zur Erleichterung der Auswertung der Lösungskurve ist das Zeichnen des Koordinatensystems sinnvoll. Dies geschieht in den dem Hauptprogramm vorangestellten Zeilen 100 bis 230. Näheres dazu im Anhang.

Das mit einem einfachen Drucker (OKI 80) erzielte Bild ist nachfolgend zu sehen.

Der Zeitmaßstab ergibt sich aus

$$t_{max} = n \cdot h = 200 \cdot 0{,}01 = 2\,(\text{sec}).$$

Der Ordinatenmaßstab ergibt sich hier aus

$$Y_{max} = (1\ V/s) \cdot t_{max} = 2\,(\text{Volt}).$$

```
Einheits-RC-Schaltung; Dgl. 1. Ordn.; Rampenspg.
Start bei t=?0
Anfangswert y(t)=?0
h=?.02
n=?100
READY
```

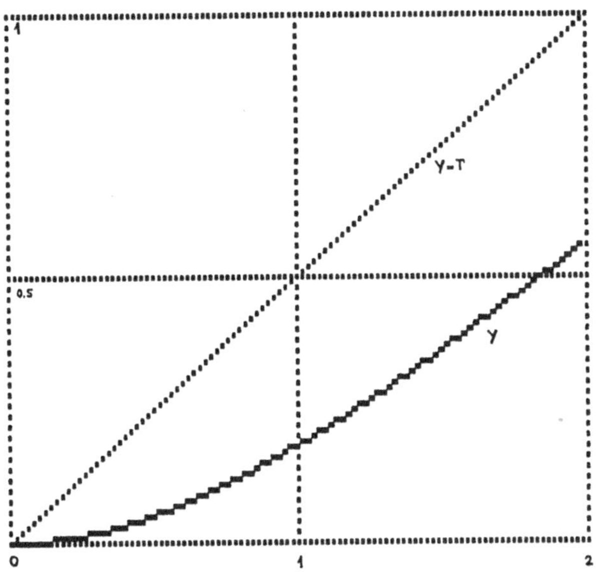


Auf dieselbe Weise entstand das am Ende des Abschnitts gezeigte Bild der mit einer Sinusspannung beaufschlagten RC-Schaltung.

Die Unterschiede gegenüber dem vorigen Zeichenprogramm sind:

280: Der Ursprung 0 wird um 50 Einheiten angehoben;

290 und 300: Hier wird jetzt SIN(W · T) als Störfunktion gezeichnet;

330: G ist jetzt natürlich wieder definiert wie in Zeile 190 des entsprechenden Rechenprogramms für die Tabelle.

```
100 - 230 wie zuvor
240 REM Zeichnen der Lösung der Dgl.
250 PRINT "Einheits-RC-Schaltung; Dgl. 1. Ordn.; Sinusspg."
260 INPUT "Start bei t=",T,"Anfangswert  y(t)=",Y,
                                        "h=",H,"n=",A,"w=",W
270 LET N=1
280 MOVE (100*T+30,50*Y+50,1)
290 MOVE (100*T+30,50*SIN(W*T)+50,7)
300 MOVE (100*T+30,50*SIN(W*T)+50,3)
310 MOVE (100*T+30,50*Y+50,7)
320 LET N=N+1
330 LET G=SIN(W*T)-Y
340 LET T=T+H
350 LET Y=Y+H*G
360 IF N<=A THEN GOTO 280
370 END
```

Der Zeitmaßstab ergibt sich aus

$$t_{max} = n \cdot h = 100 \cdot 0{,}02 = 2\,(\text{sec}).$$

Der Ordinatenmaßstab ergibt sich hier aus der Störfunktion $Y = (1\,\text{V}) \cdot \sin \omega t$ mit $Y_{max} = 1\,(\text{Volt})$.

```
Einheits-RC-Schaltung; Dgl. 1. Ordn.; Sinusspg.

Start bei t=?0

Anfangswert y(t)=?0

h=?.01

n=?200

w=?6.28

READY
```

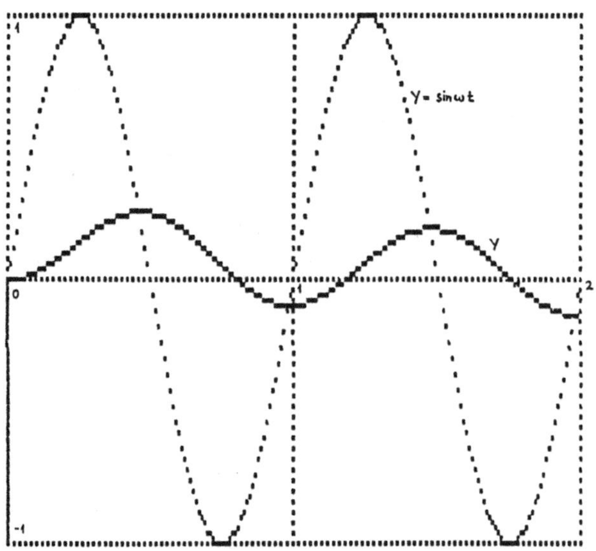

### 5.1.4 Das Pascal-Programm

Das Polygonzugverfahren läßt sich natürlich auch in der Programmiersprache Pascal schreiben.

Der Aufbau des Pascal-Programms POLYGON1 läßt sich am einfachsten anhand des Struktogrammes beschreiben.

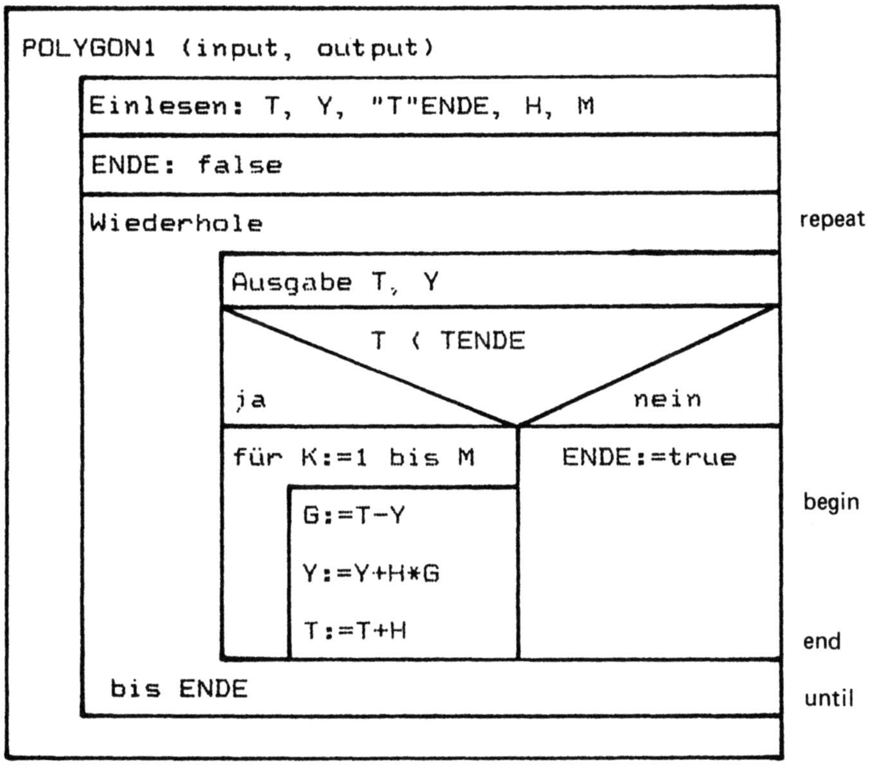


Die eigentliche Mathematik, also (8), steckt in dem innersten Strukturblock (begin – end). Dieser Block wird m-mal durchlaufen, dann erfolgt ein Ausdruck von t und y. Insgesamt wird dieser Block so lange wiederholt (repeat – until), bis die Abfrage T < TENDE mit nein (false) beantwortet wird. In diesem Fall ist ENDE wahr (true) und das Programm springt zum Ende. Bevor gerechnet werden kann, müssen die Variablen im Deklarationsblock definiert werden. Das Programm arbeitet mit real-Größen (reelle Zahlen), integer-Größen (ganze Zahlen) und booleschen Zahlen (wahr, unwahr). Sie alle sind unter var versammelt.

Die Eingabeanweisungen (read) und die Ausgabeanweisungen (write) entsprechen den Befehlen INPUT und PRINT bei Basic.

```
program POLYGON1 ( input,output );
var     T,Y,TENDE,H,G : real;
        K,M : integer;
        ENDE : boolean;

begin
writeln('Einheits-RC-Schaltung; Rampenspg.');
write('Start bei t=');
read(T);
write('Anfangswert y(t)=');
read(Y);
write('Endwert von t=');
read(TENDE);
write('Schrittweite h=');
read(H);
write('Druck nach m Schritten, m=');
read(M);
ENDE := false;
repeat
   writeln(' t = ', T:10:3, ',     y = ', Y:10:3);
   if  T < TENDE
     then for  K := 1 to M do
            begin
            G := T - Y ;
            Y := Y + H * G;
            T := T + H
            end
     else ENDE := true
until ENDE
end.
```

Für die Störgröße y = sin (w · t) (anstelle von y = t) ändert sich im Wesentlichen nur die erste Zeile im innersten Strukturblock.

Die Rechenwerte sind natürlich dieselben wie in Abschnitt 5.1.3.

```
program POLYGON1 ( input,output );
var     T,Y,TENDE,H,G,W : real;
        K,M : integer;
        ENDE : boolean;

begin
writeln('Einheits-RC-Schaltung; Sinusspg.');
write('Kreisfrequenz w=');
read(W);
write('Start bei t=');
read(T);
write('Anfangswert y(t)=');
read(Y);
```

```
write('Endwert von t=');
read(TENDE);
write('Schrittweite h=');
read(H);
write('Druck nach m Schritten, m=');
read(M);
ENDE := false;
repeat
   writeln(' t = ', T:10:3, ',      y = ', Y:10:3);
   if  T < TENDE
     then for  K := 1 to M do
          begin
          G := sin( W * T )  - Y ;
          Y := Y + H * G;
          T := T + H
          end
     else ENDE := true
until ENDE
end.
```

## 5.2 Das Runge-Kutta-Verfahren

### 5.2.1 Einführung

Der Vorteil des Polygonzugverfahrens ist seine Einfachheit, sein Nachteil ist, daß man mit sehr kleinen Rechenschritten arbeiten muß, um eine befriedigende Genauigkeit zu erzielen. Im Gegensatz dazu ist beim Runge-Kutta-Verfahren der mathematische Hintergrund anspruchsvoller, dagegen kann die Schrittweite wesentlich größer als beim Polygonzugverfahren gewählt werden. Ohne weiter auf die mathematische Begründung des Runge-Kutta-Verfahrens (4. Ordnung) einzugehen, kann man doch sagen, daß sein Prinzip darauf beruht, daß die Schrittweite h halbiert wird und an der Stelle t + h/2 zwei weitere Rechenschritte durchgeführt werden. Auch am Intervallende wird einmal gerechnet. Das nachfolgende Rechenschema zeigt dies.

| Schritt | t | y | g(t, y) | w |
|---|---|---|---|---|
| 1 | $t_0$ | $y_0$ | $g_1$ | $(g_1$ |
| 2 | $t_0 + h/2$ | $y_0 + g_1 \cdot h/2$ | $g_2$ | $+ 2 \cdot g_2$ |
| 3 | $t_0 + h/2$ | $y_0 + g_2 \cdot h/2$ | $g_3$ | $+ 2 \cdot g_3$ |
| 4 | $t_0 + h$ | $y_0 + g_3 \cdot h$ | $g_4$ | $+ g_4)$ |
| 5 | $t_0 + h$ | $y_0 + w \cdot h/6$ | | |

Ginge man von Schritt 1 direkt zu Schritt 5, so wäre dies das Polygonzugverfahren. Die Ausführung der Schritte 2, 3 und 4 und die Mittelung der g-Werte in Schritt 5 sind das Spezifische des Runge-Kutta-Verfahrens.

In dem Schema ist g(t, y) wieder die rechte Seite der Differentialgleichung, wie dies Gleichung (1) zeigt. Auf unser dortiges Beispiel $y' = g(t, y) = t - y$ haben wir das Schema nachstehend angewendet ($h = 0{,}2$; $y(0) = 0$).

| Schritt | t | y | g(t, y) | w |
|---|---|---|---|---|
| 1 | 0 | 0 | 0.0 | (0.0 |
| 2 | 0.1 | 0.0 | 0.1 | + 2 · 0.1 |
| 3 | 0.1 | 0.01 | 0.09 | + 2 · 0.09 |
| 4 | 0.2 | 0.018 | 0.182 | + 0.182) |
| 5 | 0.2 | 0.01873 | | 0.562 |

Ein Vergleich der Rechenwerte zeigt die Überlegenheit des Verfahrens.

| t | h | y(t) | Bemerkungen |
|---|---|---|---|
| 0.2 | – | 0.01873 | exakt, vgl. 2.1.2.2 |
| 0.2 | 0.2 | 0 | Polygonzug, vgl. 5.1.1 |
| 0.2 | 0.02 | 0.017 | Polygonzug, vgl. 5.1.3 |
| 0.2 | 0.2 | 0.01873 | Runge-Kutta |

### 5.2.2 Das BASIC-Programm

Das nachfolgende Programm ist leicht verständlich.

```
100 REM Rungekutta1
110 PRINT "Einheits-RC-Schaltung, Rampenspannung"
120 PRINT "tStart, y(tStart), tEnde"
130 INPUT T,Y,T1
140 PRINT "Schrittweite"
150 INPUT H
160 PRINT "t=",T,"y=",Y
170 IF T>T1 THEN GOTO 370
-----------------------------------------------
180 LET X=Y                                   1.
190 GOSUB 350
200 LET G1=G
-----------------------------------------------
210 LET X=Y+G1*H/2                            2.
220 LET T=T+H/2
230 GOSUB 350
240 LET G2=G
-----------------------------------------------
250 LET X=Y+G2*H/2                            3.
260 GOSUB 350
270 LET G3=G
-----------------------------------------------
280 LET X=Y+G3*H                              4.
290 LET T=T+H/2
300 GOSUB 350
310 LET G4=G
-----------------------------------------------
```

```
320 LET W=(G1+2*G2+2*G3+G4)                    5.
330 LET Y=Y+W*H/6
-----------------------------------------------------
340 GOTO 160
350 LET G=T-X          <----- rechte Seite der DGL
360 RETURN
370 END
```

Zeile 100 bis 150 sind der Definitions- und Eingabeteil, wie gehabt.

Die Schritte 1 bis 5 des Rechenschemas findet der Leser im Programm wieder. Dieser Teil ist unabhängig von der jeweiligen Differentialgleichung. Deren rechte Seite g(t, y) findet man in Zeile 350. Aus programmtechnischen Gründen, da der Anfangswert Y während des Ru-Ku-Schrittes nicht zerstört werden darf, haben wir dort die abhängige Variable y in X umgetauft. Dafür haben wir als Vorteil eingehandelt, daß wir die Differentialgleichung als Subroutine nur ein einziges Mal ins Programm einfügen müssen, nämlich in Zeile 350.

Der Leser wird bemerkt haben, daß der Druckzähler, der die Wertausgabe nach m Rechenschritten veranlaßt, weggefallen ist. Er ist beim Runge-Kutta-Verfahren nicht mehr notwendig. Anschließend ist noch eine Tabelle der Rechenwerte für unser Beispiel abgedruckt. Wer sich die Mühe des Vergleichs mit den exakten Werten macht, wird Fehler im ‰-Bereich finden.

Das Einschalten einer Wechselspannung anstelle der Rampenspannung ergibt im Wesentlichen folgende Änderung:

```
350 LET G = SIN(W * T) - X.
```

```
> RUN
Einheits-RC-Schaltung, Rampenspannung
tStart, y(tStart), tEnde
?0,0,2
Schrittweite
?0.2
t=     0          y=     0
t=     0.2        y=     1.873334 E-002
t=     0.4        y=     7.032427 E-002
t=     0.6        y=     0.1488168
t=     0.8        y=     0.2493347
t=     1          y=     0.3678853
t=     1.2        y=     0.5012
t=     1.4        y=     0.6466025
t=     1.6        y=     0.8019018
t=     1.8        y=     0.9653038
t=     2          y=     1.13534
READY
```

### 5.2.3 Das Pascal-Programm

Für das Pascal-Programm benutzen wir im Folgenden die Unterprogrammtechnik (procedure) mit automatischer Übergabe der Parameter (hier ist Pascal „klüger" als BASIC). In der procedure-Vereinbarung G müssen wir die formalen Parameter mit der type-Vereinbarung ergänzen. Den Ergebniswert $y'$, den wir fortan mit Z bezeichnen, müssen wir dabei als Variable (var) deklarieren, während die Eingabewerte T und Y nur wertmäßig ins Unterprogramm übernommen werden. Es gilt also die Formel

$$Z := g(T, Y).$$

Mit Blick auf die Programme für Schaltungen mit mehreren Energiespeichern benutzen wir hier nicht die function-Vereinbarung, da diese nur einen Ergebniswert zuläßt. Außerdem erledigen wir die Addition der Funktionswerte für die Mittelwertbildung im Schritt 5 „nebenbei" in den Schritten 1 bis 4 und sparen dadurch Zwischenspeicher für $g_1$ bis $g_4$.

Summenspeicher ist W, während Z den Funktionswert für die Bildung des neuen y-Wertes, den wir mit YN bezeichnen, aufnimmt. Beim ersten Schritt fallen z und w zusammen, so daß wir hier die Speicherung nach Z einsparen.

```
program RUNGEKUTTA1 ( input,output );
var     T,Y,TENDE,H,YN,Z,W  : real;
        ENDE : boolean;

procedure  G ( T:real; Y:real; var Z:real );
   begin
            Z := T - Y
   end;

begin   (* Hauptprogramm *)
writeln('Einheits-RC-Schaltung, Rampenspannung');
writeln('  t     y(t)   tEnde  ');
read ( T, Y, TENDE );
writeln('Schrittweite ');
read ( H );
ENDE := false;
repeat
   writeln(' t = ', T:10:5, ' ,    y =  ', Y:10:5);
   if  T < TENDE
     then begin
          G( T , Y , W );
          T := T + H / 2;
          YN := Y + W * H / 2;
          G( T , YN , Z );
          W := W + Z * 2;
          YN := Y + Z * H / 2;
          G( T , YN , Z );
          T := T + H / 2;
          W := W + Z * 2;
          YN := Y + Z * H;
          G( T , YN , Z );
          Y := Y + ( W + Z ) * H / 6
          end
     else ENDE := true
until ENDE
end.
```

Für das Einschalten einer Wechselspannung anstelle der Rampenspannung ändern wir nur die procedure G und lesen zusätzlich den Parameterwert Omega für die Kreisfrequenz ein.

```
program RUNGEKUTTA1 ( input,output );
var      T,Y,TENDE,H,YN,Z,W   : real;
         OMEGA : real;                         (*** neu ***)
         ENDE : boolean;

procedure  G ( T:real; Y:real; var Z:real );
   begin
            Z := sin(OMEGA*T) - Y          (** geaendert **)
   end;

begin    (* Hauptprogramm *)
writeln('Einheits-RC-Schaltung, Sinusspannung');
writeln('Kreisfrequenz ');                     (** neu **)
read( OMEGA );                                 (** neu **)
writeln(' t     y(t)  tEnde ');
read ( T, Y, TENDE );
writeln('Schrittweite ');
read ( H );
ENDE := false;
repeat
   writeln(' t = ', T:10:5, ' ,     y =  ', Y:10:5);
   if  T < TENDE
     then begin
          G( T , Y , W );
          T := T + H / 2;
          YN := Y + W * H / 2;
          G( T , YN , Z );
          W := W + Z * 2;
          YN := Y + Z * H / 2;
          G( T , YN , Z );
          T := T + H / 2;
          W := W + Z * 2;
          YN := Y + Z * H;
          G( T , YN , Z );
          Y := Y + ( W + Z ) * H / 6
          end
     else ENDE := true
until ENDE
end.
```

# 6 Numerische Berechnungsbeispiele von Schaltungen mit einem Energiespeicher

Wir benutzen das allgemeine Programm für $y' = g(t, y)$ nach Abschnitt 5.1.3 zur Berechnung spezieller Schaltungen. Dazu entwickeln wir für jeden Schaltungstyp ein allgemeines Unterprogramm für die „rechte Seite", das zur Ergänzung des Programms für die „Dgl. erster Ordnung" dient.

## 6.1 Das RC-Glied

Wir untersuchen sofort das belastete RC-Glied nach Abschnitt 2.1.3, ohne es jedoch auf eine Ersatzschaltung zu reduzieren.

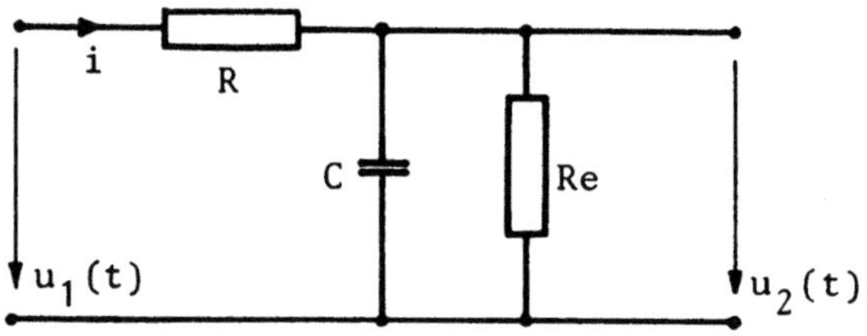


Im Programm werden drei Speicherplätze für die Parameter R, Re und C vorgesehen, sowie Programmlinien für die von der Zeit t abhängende Eingangsspannung $u_1(t)$, die beliebig gewählt werden kann. Im Gegensatz zur exakten Lösung brauchen wir beim numerischen Verfahren keine aus der Integrierbarkeit herrührenden Einschränkungen für $u_1$ hinzunehmen. Es genügt vorauszusetzen, daß $u_1(t)$ eine stetige Funktion ist. Selbst unstetige Eingangsspannungen $u_1(t)$ können bearbeitet werden, wenn man im Bereich der Sprungstelle die Verfahrensschrittweite h hinreichend klein wählt. Solche Sprungstellen ergeben sich z.B., wenn man zu einem Zeitpunkt $t = t_0$ die Spannungsquelle ein- bzw. ausschaltet.

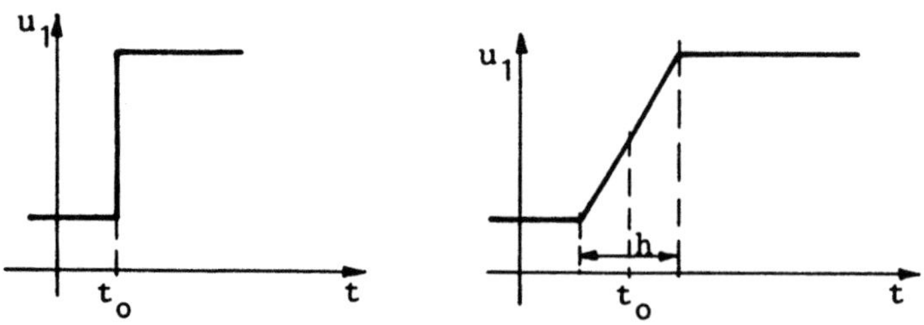

Das Polygonzugverfahren reagiert so, als ob die Sprungstelle durch eine Rampe mit der Anstiegszeit $\Delta t = h$ ersetzt würde. Wählt man daher die Schrittweite h im Bereich der Schaltstelle gleich der Schaltzeit des (physikalischen) Schalters, so gibt die Rechnung den (physikalischen) Vorgang genau wieder.

Die Kirchhoffsche Regel liefert für $u_C = u_2(t)$:

$$u_1(t) = i(t) \cdot R + u_C$$

und

$$i(t) = C \cdot u_C' + u_C/Re.$$

Eingesetzt und nach der Ableitung $u_C'$ aufgelöst ergibt sich

$$u_C' = ((u_1(t) - u_C)/R - u_C/Re)/C = g(t, u_C). \qquad (1)$$

Mit der Zuordnung $y = u_C$ haben wir die Dgl. $y' = g(t, y)$ gefunden.

Eine gesonderte Behandlung von Einschalt- und Ausschaltvorgang ist nicht notwendig. Der Einschaltvorgang ist dadurch charakterisiert, daß der Anfangswert $u_C(t_0) = 0$ gesetzt wird. Den Ausschaltvorgang erhält man für $u_C(t_0) = U_{C0}$ und $u_1(t) = 0$, d.h. Kurzschluß von $u_1$ bzw. $R = 10^{12} \approx \infty$, d.h. Abtrennen von $u_1$.

Wir vervollständigen das Programm jetzt für verschiedene Eingangsspannungen.

### 6.1.1 Gleichspannung

Wir setzen $u_1(t) = U$.

Damit lautet das BASIC-Programm:

```
100 REM    POLYGON 1.3
110 PRINT "RC-Glied , Gleichspannung"
120 PRINT "Parameter:  R , Re , C , U "
130 INPUT R,R1,C,U
140 PRINT " tStart, Uc(tStart), tEnde "
150 INPUT T,Y,T1
160 PRINT "Schrittweite , Schritte-bis-Druck"
170 INPUT H,M
180 PRINT "t = ",T,"Uc = ",INT(Y*10000)/10000
190 IF T>T1 THEN GOTO 400
200 FOR K=1 TO M
210 LET U1=U                             <---- Störfunktion
-----------------------------------------------------------
220 LET G=((U1-Y)/R-Y/R1)/C             aktuelle Dgl.
-----------------------------------------------------------
230 LET Y=Y+H*G
240 LET T=T+H
250 NEXT K
260 GOTO 180
400 END
```

Das Pascal-Programm lautet bei Benutzung der Unterprogrammtechnik (procedure G, siehe auch 5.2.3):

```
program POLYGON1 ( input,output );
var     T,Y,TENDE,H,Z,U1   : real;
        K,M : integer;
        ENDE : boolean;
        R,Re,C,U  : real;            (* Parameter *)

procedure G(T:real; Y:real; var Z:real);
begin
          U1 := U;              (*  Gleichspannung *)
          Z := (( U1 - Y ) / R - Y / Re ) / C;

end;

begin
writeln('Das RC-Glied , Gleichspannung');
writeln('Parameter:   R    Re    C    U ');
read( R, Re, C, U);
writeln(' t    Uc(t)  tEnde ');
read ( T, Y, TENDE );
writeln('Verfahrenswerte:   Schrittweite   Schritte-bis-Druck');
read ( H , M);
ENDE := false;
repeat
   writeln(' t = ', T:10:3, ' ,    Uc =  ', Y:10:3);
   if  T < TENDE
     then for  K := 1 to M do
          begin
          G ( T , Y , Z );
          Y := Y + H * Z;
          T := T + H
          end
     else ENDE := true
until ENDE
end.
```

Wir rechnen folgenden Fall durch: R = 1 MOhm, Re = 500 kOhm, C = 1 $\mu$F. Zum Zeitpunkt t = 0 sei $u_C$ = 0 und U = 100 V. Wir rechnen mit Schrittweite h = 0.01 und m = 10 bis t = 0.7 sek (Einschaltvorgang). An diesem Zeitpunkt ändern wir die Eingangsspannung auf $u_1$ = 0 V und rechnen mit dem Wert $u_C(0.7)$ als Anfangswert weiter (Ausschaltvorgang).

| t | $u_C$ | |
|---|---|---|
| 0.00 | 0.00 | Einschaltvorgang |
| 0.10 | 8.75 | |
| 0.20 | 15.21 | |
| 0.30 | 19.97 | |
| 0.40 | 23.48 | |
| 0.50 | 26.06 | |
| 0.60 | 27.97 | |
| 0.70 | 29.38 | u = 0 |
| 0.80 | 21.67 | Ausschaltvorgang |
| 0.90 | 15.98 | |
| 1.00 | 11.78 | |
| 1.10 | 8.69 | |
| 1.20 | 6.41 | |

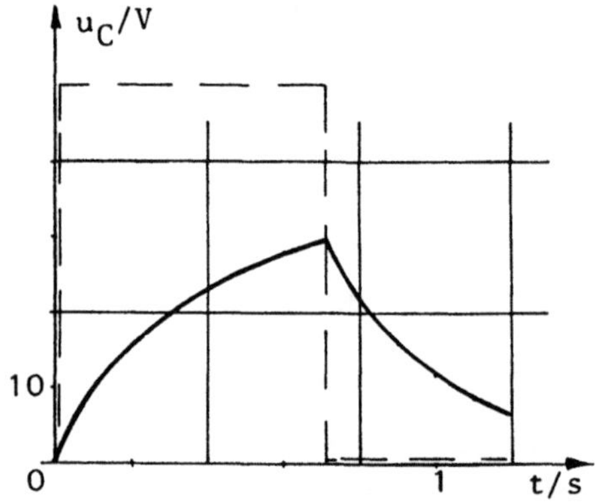

### 6.1.2 Rampenspannung

Wir setzen

$$u_1(t) = k \cdot t.$$

Das BASIC-Programm wird gegenüber Abschnitt 6.1.1 im Wesentlichen nur in der Zeile 210 verändert.

```
100 REM    POLYGON 1.4
110 PRINT "RC-Glied , Rampenspannung"
120 PRINT "Parameter:  R , Re , C , Kr "
130 INPUT R,R1,C,K1
140 PRINT " tStart, Uc(tStart), tEnde "
150 INPUT T,Y,T1
160 PRINT "Schrittweite , Schritte-bis-Druck"
170 INPUT H,M
180 PRINT "t = ",T,"Uc = ",INT(Y*10000)/10000
190 IF T)T1 THEN GOTO 400
200 FOR K=1 TO M
210 LET U1=K1*T                              <----- Störfunktion
------------------------------------------------------------------
220 LET G=((U1-Y)/R-Y/R1)/C                        aktuelle Dgl.
------------------------------------------------------------------
230 LET Y=Y+H*G
240 LET T=T+H
250 NEXT K
260 GOTO 180
400 END
```

Auch im Pascal-Programm wird im Wesentlichen nur die Programmierung der Störfunktion geändert.

```
program POLYGON1 ( input,output );
var     T,Y,TENDE,H,Z,U1   : real;
        K,M : integer;
        ENDE : boolean;
        R,Re,C,Kr : real;             (* Parameter *)

procedure G(T:real; Y:real; var Z:real);
begin
           U1 := Kr * T ;               (*  Rampenspannung *)
           Z := (( U1 - Y ) / R - Y / Re ) / C;

end;

begin
writeln('Das RC-Glied , Rampenspannung');
writeln('Parameter:    R     Re     C     Kr');
read( R, Re, C, Kr);
writeln(' t     Uc(t)   tEnde ');
read ( T, Y, TENDE );
writeln('Verfahrenswerte:   Schrittweite   Schritte-bis-Druck');
read ( H , M);
ENDE := false;
```

```
repeat
   writeln(' t = ', T:10:3, ' ,    Uc =  ', Y:10:3);
   if  T < TENDE
     then for  K := 1 to M do
          begin
          G ( T , Y , Z );
          Y := Y + H * Z;
          T := T + H
          end
     else ENDE := true
until ENDE
end.
```

Wir erhalten für k = 100 und t = 0, $u_C$ = 0:

| t | $u_C$ | |
|---|---|---|
| 0.00 | 0.00 | Einschaltvorgang |
| 0.10 | 0.42 | |
| 0.20 | 1.60 | |
| 0.30 | 3.34 | |
| 0.40 | 5.51 | |
| 0.50 | 7.98 | jetzt k = 0 |
| 0.60 | 5.88 | Ausschaltvorgang |
| 0.70 | 4.34 | |
| 0.80 | 3.20 | |
| 0.90 | 2.36 | |
| 1.00 | 1.74 | |

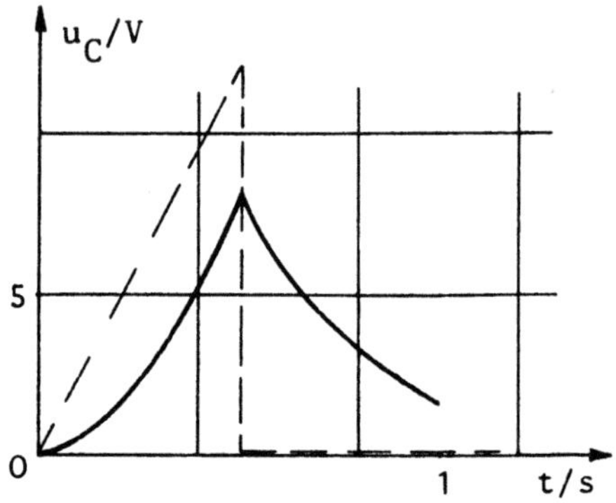


### 6.1.3 Wechselspannung

#### 6.1.3.1 Sinusspannung

Wir setzen $u_1(t) = U \cdot \sin(2 \cdot \pi \cdot f \cdot t)$.

Das BASIC-Programm wird dadurch im Wesentlichen nur in der Zeile 210 verändert.

```
100 REM    POLYGON 1.5
110 PRINT "RC-Glied , Sinusspannung"
120 PRINT "Parameter:  R , Re , C , Amplitude U , Freq "
130 INPUT R,R1,C,U,F
140 PRINT "tStart, Uc(tStart), tEnde "
150 INPUT T,Y,T1
160 PRINT "Schrittweite , Schritte-bis-Druck"
170 INPUT H,M
180 PRINT "t = ",T,"Uc = ",INT(Y*10000)/10000
190 IF T>T1 THEN GOTO 400
200 FOR K=1 TO M
210 LET U1=U*SIN(2*PI*F*T)               <----- Störfuntion
--------------------------------------------------------------
220 LET G=((U1-Y)/R-Y/R1)/C                   aktuelle Dgl.
--------------------------------------------------------------
230 LET Y=Y+H*G
240 LET T=T+H
250 NEXT K
260 GOTO 180
400 END
```

Auch im Pascal-Programm wird im Wesentlichen nur die Programmierung der Störfunktion geändert.

```
program POLYGON1 ( input,output );
const   PI = 3.1415926;
var     T,Y,TENDE,H,Z,U1   : real;
        K,M : integer;
        ENDE : boolean;
        R,Re,C,U,Freq   : real;          (* Parameter *)

procedure G(T:real; Y:real; var Z:real);
begin
          U1 := U*sin(2*PI*Freq*T);        (*   Sinusspannung *)
          Z := (( U1 - Y ) / R - Y / Re ) / C;

end;

begin
writeln('Das RC-Glied , Sinusspannung');
writeln('Parameter:     R     Re     C     U      Freq');
read( R, Re, C, U, Freq);
writeln(' t     Uc(t)  tEnde ');
read ( T, Y, TENDE );
writeln('Verfahrenswerte:   Schrittweite   Schritte-bis-Druck');
read ( H , M);
ENDE := false;
repeat
   writeln(' t = ', T:10:3, ' ,    Uc =   ', Y:10:3);
   if  T < TENDE
     then for  K := 1 to M do
          begin
          G ( T , Y , Z );
          Y := Y + H * Z;
          T := T + H
          end
     else ENDE := true
until ENDE
end.
```

Beispiel:

R = 1 MOhm; Re = 500 kOhm; C = 1 $\mu$F;

f = 0.5 Hz; t = 0 sek; $u_C$ = 0 V; U = 100 V.

Entsprechend Abschnitt 6.1.1 erhalten wir:

| t | $u_C$(h = 0.01) | $u_C$(h = 0.02) | KOR |
|---|---|---|---|
| 0.00 | 0.00 | 0.00 | 0.00 |
| 0.10 | 1.30 | | |
| 0.20 | 4.85 | 4.69 | − 0.16 |
| 0.30 | 9.96 | | |
| 0.40 | 14.88 | 14.77 | − 0.11 |
| 0.50 | 19.58 | | |
| 0.60 | 23.06 | 23.09 | + 0.03 |
| 0.70 | 24.80 | | |
| 0.80 | 24.50 | 24.68 | + 0.18 |
| 0.90 | 22.08 | | |
| 1.00 | 17.72 | 17.96 | + 0.24 |

Die KOR-Werte nach Abschnitt 5.1 (6) zeigen, daß die Rechnung mit der Schrittweite h = 0.01 für t = 1.00 einen Fehler der Größenordnung 0.24 aufweist. Für höhere Genauigkeit müßte man h verkleinern.

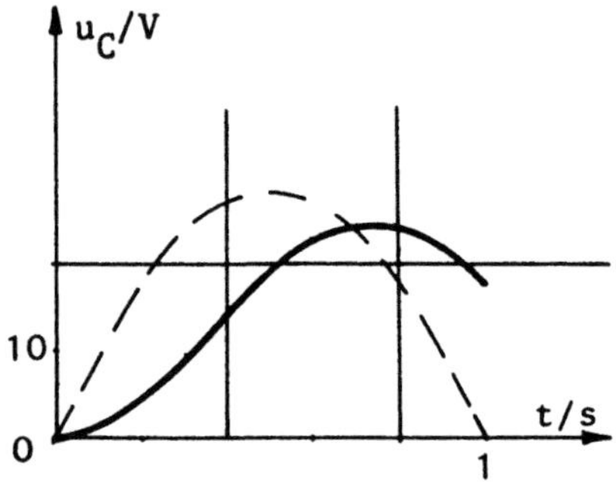


### 6.1.3.2 Rechteckspannung

Wir setzen

$$u_1(t) = U \cdot \text{sign}(\sin(2 \cdot \pi \cdot f \cdot t)).$$

Das Vorzeichen S des Sinus wird zur Erzeugung einer Rechteckspannung verwendet, die zwischen + U und − U hin- und herkippt. Dies geschieht in den Zeilen 210–213 des BASIC-Programmes. Ansonsten ist das Programm gegenüber Abschnitt 6.1.3.1 unverändert.

```
100 REM    POLYGON 1.6
110 PRINT "RC-Glied , Rechteckspannung"
120 PRINT "Parameter:  R , Re , C , Amplitude U , Freq "
130 INPUT R,R1,C,U,F
140 PRINT "tStart, Uc(tStart) , tEnde "
150 INPUT T,Y,T1
160 PRINT "Schrittweite , Schritte-bis-Druck"
170 INPUT H,M
180 PRINT " t = ",T,"Uc = ",INT(Y*10000)/10000
190 IF T>T1 THEN GOTO 400
200 FOR K=1 TO M
------------------------------------------------------------
210 LET S=U*SIN(2*PI*F*T)                      Störfunktion
211 IF S=0 THEN LET U1=0                       Rechteckspg.
212 IF S<0 THEN LET U1=-U
213 IF S>0 THEN LET U1=+U
------------------------------------------------------------
220 LET G=((U1-Y)/R-Y/R1)/C                    aktuelle Dgl.
------------------------------------------------------------
230 LET Y=Y+H*G
240 LET T=T+H
250 NEXT K
260 GOTO 180
400 END
```

Eine entsprechende Abänderung liefert uns das Pascal-Programm:

```
program POLYGON1 ( input,output );
const   PI = 3.1415926;
var     T,Y,TENDE,H,Z,U1,S   : real;
        K,M : integer;
        ENDE : boolean;
        R,Re,C,U,Freq  : real;            (* Parameter *)

procedure G(T:real; Y:real; var Z:real);
begin
          S := U*sin(2*PI*Freq*T);     (*  Rechteckspannung *)
          if  S = 0  then  U1 := 0
                    else  if  S < 0 then U1 := -U
                                    else U1 := +U ;
          Z := (( U1 - Y ) / R - Y / Re ) / C;

end;

begin
writeln('Das RC-Glied , Rechteckspannung');
writeln('Parameter:   R     Re     C      U      Freq');
read( R, Re, C, U, Freq);
writeln(' t    Uc(t)  tEnde ');
read ( T, Y, TENDE );
writeln('Verfahrenswerte:   Schrittweite   Schritte-bis-Druck');
read ( H , M);
ENDE := false;
```

```
repeat
   writeln(' t = ', T:10:3, ' ,    Uc =  ', Y:10:3);
   if  T < TENDE
     then for  K := 1 to M do
            begin
            G ( T , Y , Z );
            Y := Y + H * Z;
            T := T + H
            end
     else ENDE := true
until ENDE
end.
```

Wegen der Unstetigkeit der „rechten Seite" sollte man die Schrittweite kleiner wählen als zuvor, wenigstens im Bereich der Sprungstellen.

Beispiel:

| | | |
|---|---|---|
| U = 100 V; | Re = 500 kOhm; | C = 1 μF; |
| R = 1 MOhm; | t = 0; | $u_C$ = 0; |
| f = 0.5 Hz; | h = 0.002. | |

Wir erhalten:

| t | $u_C$ | |
|---|---|---|
| 0.00 | 0.00 | |
| 0.02 | 1.76 | |
| 0.04 | 3.60 | |
| 0.06 | 5.34 | |
| 0.08 | 6.97 | |
| 0.10 | 8.51 | Schrittweite ändern: 0.01 |
| 0.20 | 15.03 | |
| 0.30 | 19.84 | |
| ........... | ........... | |
| 0.90 | 31.16 | Schrittweite: 0.002 |
| 0.92 | 31.29 | |
| 0.94 | 31.41 | |
| 0.96 | 31.52 | |
| ........... | ........... | |
| 1.10 | 14.97 | Schrittweite: 0.01 |
| 1.20 | 2.29 | |
| 1.30 | −7.07 | |

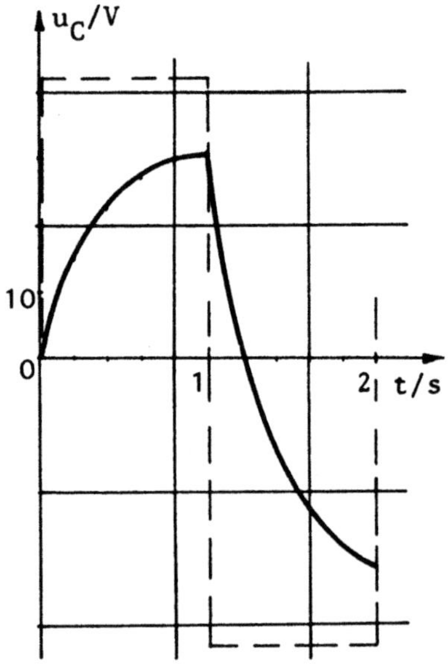


Einen Dreieckgenerator erhält man für

$$u_1(t) = U \cdot 2/\pi \cdot \sin^{-1}(\sin(2 \cdot \pi \cdot f \cdot t)).$$

### 6.1.4 Einweggleichrichtung

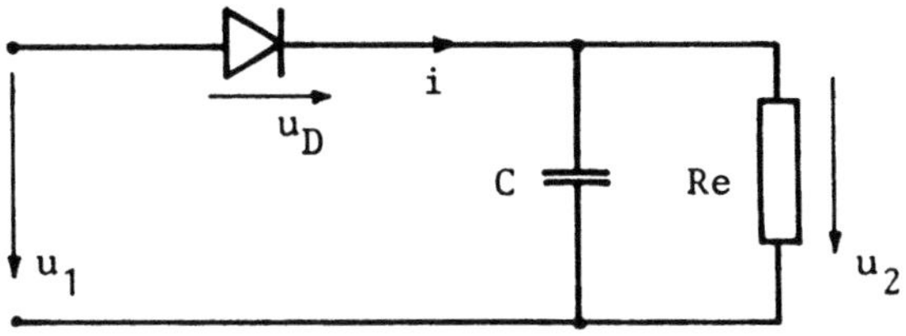


Für die Diode wird – vereinfachend – angenommen:

$$i = \begin{cases} u_D/R & \text{für} \quad u_D \geqslant 0; \qquad R = \text{konstanter Durchlaßwiderstand} \\ 0 & \text{für} \quad u_D < 0. \end{cases}$$

Die Dgl. (1) ändert sich somit in

$$u_C' = (i(t) - u_C/Re)/C = g(t, u_C) \tag{1a}$$

mit

$$u_D(t) = u_1(t) - u_C(t)$$

und

$$i(t) = \begin{cases} u_D(t)/R & \text{für} \quad u_D(t)/R \geqslant 0 \\ 0 & \text{sonst.} \end{cases}$$

Mit dem Sinusgenerator

$$u_1(t) = U \cdot \sin(2 \cdot \pi \cdot f \cdot t)$$

wird aus dem Programm in Abschnitt 6.1.3.1 jetzt:

```
100 REM    POLYGON 1.7
110 PRINT "RC-Glied , Einweggleichrichtung"
120 PRINT "Parameter:  R , Re , C , Amplitude U , Freq "
130 INPUT R,R1,C,U,F
140 PRINT "tStart, Uc(tStart) , tEnde "
150 INPUT T,Y,T1
160 PRINT "Schrittweite , Schritte-bis-Druck"
170 INPUT H,M
180 PRINT " t = ",T,"Uc = ",INT(Y*10000)/10000
190 IF T>T1 THEN GOTO 400
200 FOR K=1 TO M
210 LET U1=U*SIN(2*PI*F*T)                  <----- Störfunktion
------------------------------------------------------------------
211 LET I=(U1-Y)/R                              Diodenkennlinie
212 IF I<0 THEN LET I=0
------------------------------------------------------------------
220 LET G=(I-Y/R1)/C                             aktuelle Dgl.
------------------------------------------------------------------
230 LET Y=Y+H*G
240 LET T=T+H
250 NEXT K
260 GOTO 180
400 END
```

Man findet (1a) in Zeile 220 wieder. Die Näherung für die Diode mit $u_D = u_1 - u_C$ erscheint in den Zeilen 211 und 212.

Eine entsprechende Abänderung liefert uns das Pascal-Programm:

```
program POLYGON1 ( input,output );
const   PI = 3.1415926;
var     T,Y,TENDE,H,Z,U1,I    : real;
        K,M : integer;
        ENDE : boolean;
        R,Re,C,U,Freq   : real;            (* Parameter *)

procedure G(T:real; Y:real; var Z:real);
begin
          U1 := U*sin(2*PI*Freq*T);      (*  Sinusspannung *)
          I := ( U1 - Y ) / R ;
          if  I < 0 then I := 0;          (* Gleichrichtung *)
          Z := ( I - Y / Re ) / C;

end;

begin
writeln('Das RC-Glied , Einweggleichrichtung');
writeln('Parameter:   R    Re    C     U     Freq');
read( R, Re, C, U, Freq);
writeln(' t    Uc(t)  tEnde ');
read ( T, Y, TENDE );
writeln('Verfahrenswerte:   Schrittweite   Schritte-bis-Druck');
read ( H , M);
ENDE := false;
repeat
   writeln(' t = ', T:10:3, ' ,    Uc =  ', Y:10:3);
   if  T < TENDE
     then for  K := 1 to M do
          begin
          G ( T , Y , Z );
          Y := Y + H * Z;
          T := T + H
          end
     else ENDE := true
until ENDE
end.
```

Für h = 0.0001 ergibt sich mit

$U = 100$ V,
$R = 100$ Ohm,
$Re = 100$ Ohm,
$C = 100\ \mu F$,
$f = 50$ Hz,
$t = 0$ s,
$u_C = 0$ V:

| t | $u_C$ |
|---|---|
| 0.0000 | 0.0 |
| 0.0010 | 1.3 |
| 0.0020 | 5.1 |
| .......... | |
| 0.0075 | 31.4 |
| 0.0080 | 31.5 |
| 0.0085 | 31.1 |
| .......... | |
| 0.0190 | 11.0 |
| 0.0200 | 9.9 |
| 0.0205 | 9.5 |
| 0.0210 | 9.6 |
| 0.0215 | 10.5 |
| .......... | |
| 0.0270 | 33.1 |
| 0.0275 | 33.6 |
| 0.0280 | 33.6 |
| 0.0285 | 32.9 |
| .......... | |

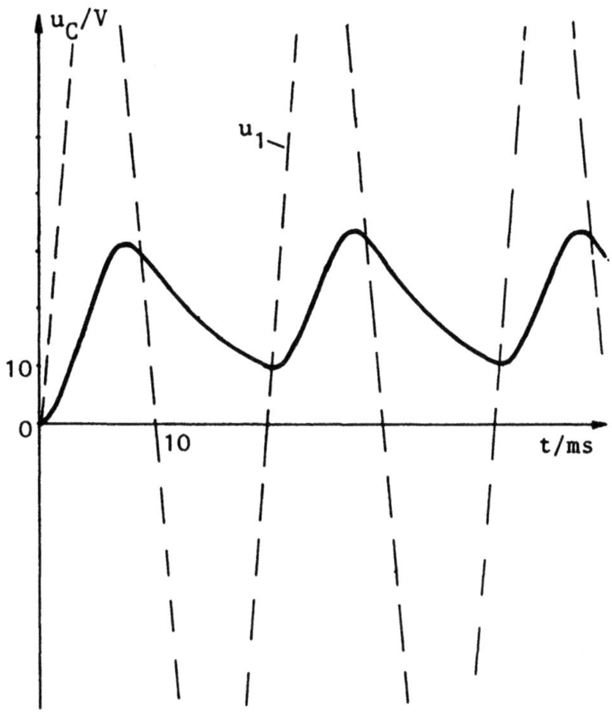


## 6.2 Das RL-Glied

Wir untersuchen sofort den Spannungsteiler mit Spule, das einfache RL-Glied ergibt sich für $Re \to \infty$.

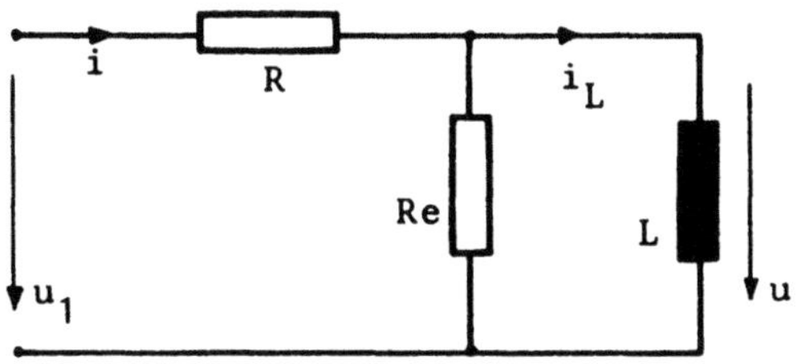


Die Kirchhoffsche Regel liefert

$$u_1(t) = i \cdot R + u$$

und

$$u = L \cdot i_L' \quad \text{sowie}$$

$$u = (i - i_L) \cdot Re.$$

Somit

$$u_1(t) = (u/Re + i_L) \cdot R + u = i_L \cdot R + (1 + R/Re) \cdot L \cdot i_L'$$

und aufgelöst nach Ableitung $i'_L$

$$i'_L = (u_1(t) - i_L \cdot R)/(L \cdot (1 + R/Re)) = g(t, i_L). \qquad (2)$$

Mit der Zuordnung $y = i_L$ haben wir die Dgl. $y' = g(t, y)$ gefunden.

### 6.2.1 Einschalten einer Gleichspannung

Wir setzen

$$u_1(t) = U.$$

Bei dem folgenden Programm haben wir (ohne daß es hier notwendig gewesen wäre) die rechte Seite G der aktuellen Dgl. (2) als Unterprogramm geschrieben. Der Sprung dorthin heißt bei BASIC: GOSUB 260. Man betrachte dies als Vorbereitung für die folgenden Abschnitte.

```
100 REM    POLYGON 1.8
110 PRINT "RL-Glied , Gleichspannung"
120 PRINT "Parameter:  R , Re , L , U "
130 INPUT R,R1,L,U
140 PRINT "tStart , iL(tStart) , tEnde "
150 INPUT T,Y,T1
160 PRINT "Schrittweite , Schritte-bis-Druck"
170 INPUT H,M
180 PRINT "t = ",T,"iL = ",INT(Y*100000)/100000
190 IF T>T1 THEN GOTO 290
200 FOR K=1 TO M
210 GOSUB 260                          <---- Unterprogrammaufruf
220 LET Y=Y+H*G
230 LET T=T+H
240 NEXT K
250 GOTO 180
-----------------------------------------------------------------
260 LET U1=U                          Unterprogramm für
270 LET G=(U1-Y*R)/(L*(1+R/R1))       Störfkt. und akt. Dgl.
-----------------------------------------------------------------
280 RETURN
400 END
```

Eine entsprechende Abänderung liefert uns das Pascal-Programm:

```
program POLYGON1 ( input,output );
var      T,Y,TENDE,H,Z,U1   : real;
         K,M : integer;
         ENDE : boolean;
         R,Re,L,U   : real;              (* Parameter *)

procedure  G ( T:real; Y:real; var Z:real );
   begin
          U1 := U;                  (*  Gleichspannung *)
          Z := ( U1 - Y * R ) / ( L * ( 1 + R / Re )) ;
   end;

begin    (* Hauptprogramm *)
writeln('Das RL-Glied , Gleichspannung');
writeln('Parameter:   R    Re    L    U ');
read( R, Re, L, U);
writeln(' t    iL(t)  tEnde ');
read ( T, Y, TENDE );
writeln('Verfahrenswerte:   Schrittweite   Schritte-bis-Druck');
read ( H , M);
ENDE := false;
repeat
   writeln(' t = ', T:10:5, ' ,    iL =  ', Y:10:5);
   if  T < TENDE
     then for  K := 1 to M do
          begin
          G ( T , Y , Z );
          Y := Y + H * Z;
          T := T + H
          end
     else ENDE := true
until ENDE
end.
```

Es sei

$R = 100$ Ohm, $Re = 50$ Ohm, $L = 10$ mH

und zum Zeitpunkt $t = 0$ sei $i_L = 0$ und $U = 10$ V.

Wir rechnen mit der Schrittweite $h = 1 \cdot 10^{-5}$ und $m = 10$.

Damit erhalten wir:

| t | $i_L$ | |
|---|---|---|
| 0.0000 | 0.0000 | |
| 0.0001 | 0.0288 | |
| 0.0002 | 0.0492 | |
| 0.0003 | 0.0638 | |
| 0.0004 | 0.0742 | |
| 0.0005 | 0.0816 | |
| 0.0006 | 0.0869 | |
| 0.0007 | 0.0907 | |
| 0.0008 | 0.0934 | |
| 0.0009 | 0.0953 | |
| 0.0010 | 0.0966 | (exakt: 0.09643) |

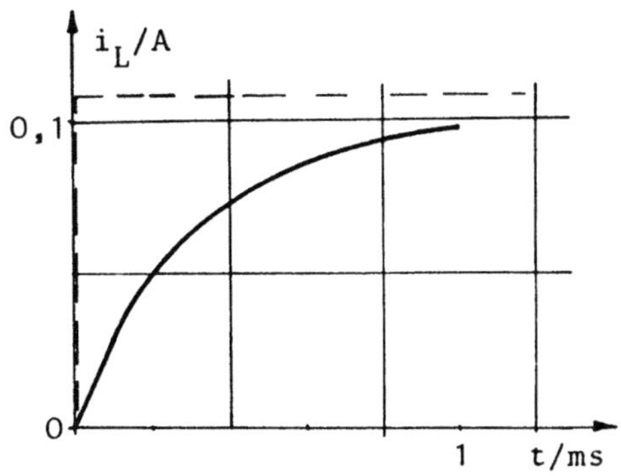

Der Leser möge die entsprechenden Rechnungen für den Sinus- und Rechteckgenerator selbst durchführen (vgl. Abschnitt 6.1.3).

Wir wollen jetzt die Möglichkeit der numerischen Methode ausnutzen und Fälle mit variablem R (Abschnitt 6.2.2) bzw. variablem L (Abschnitt 6.2.3) untersuchen. Wir verlassen damit den für geschlossene Lösungen zugänglichen Fall der linearen Dgl. mit konstanten Koeffizienten.

### 6.2.2 RL-Glied mit variablem R

Wir betrachten die Hintereinanderschaltung einer Drosselspule L, eines festen Widerstandes R und eines ohmschen Elementes W, das durch eine i/u-Kennlinie gegeben ist.

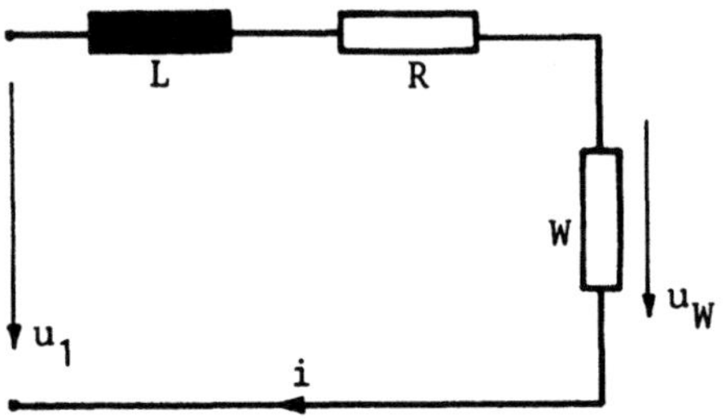


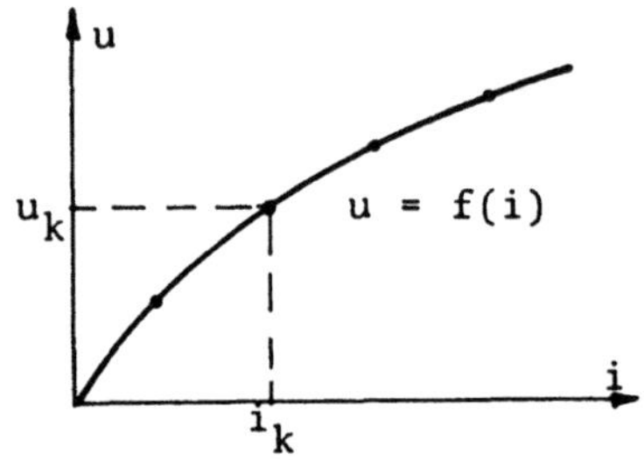


In der Praxis wird diese Kennlinie durch Messung für diskrete Punkte vorliegen.

Stehen im Rechner genügend Datenspeicher zur Verfügung, so kann man eine Tabelle der Meßwertpaare $(i_k, u_k)$ $(k = 1, 2, \ldots, n)$ speichern und die bei der Rechnung benötigten Zwischenwerte durch lineare Interpolation gewinnen. Bei hinreichend engem Raster der i-Werte ist dies Verfahren genau genug.

Die Kirchhoffsche Regel liefert diesmal:

$$u_1(t) = L \cdot i' + R \cdot i + u_W$$

und die Kennlinie ergibt:

$$u_W = f(i).$$

Aufgelöst nach der Ableitung $i'$:

$$i' = (u_1(t) - f(i) - R \cdot i)/L = g(t, i). \qquad (3)$$

Damit haben wir für $y = i$ die Dgl. $y' = g(t, y)$ gefunden.

Wir betrachten Schaltungen mit einer Glühlampe bzw. einem Lichtbogen.

#### 6.2.2.1 Glühlampe

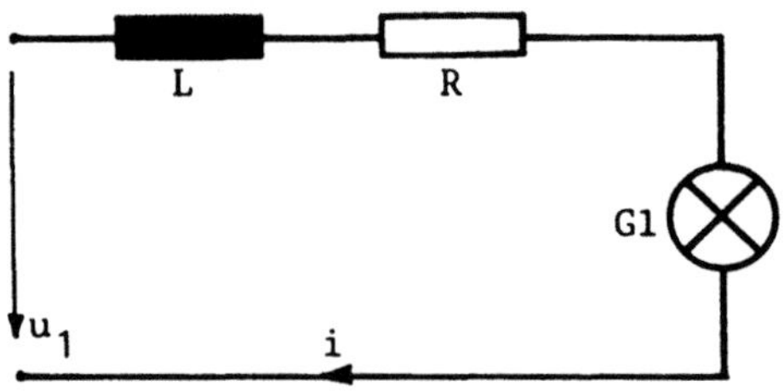

Durch Messungen wurden für die Glühlampe folgende Werte gefunden:

| u/V | 0 | 50 | 100 | 150 | 200 |
|---|---|---|---|---|---|
| i/A | 0.0 | 0.17 | 0.28 | 0.35 | 0.40 |

Das BASIC-Programm wird strukturiert durch die Aufteilung in den Block für das Polygonzugverfahren, den Block für die Tabellenbearbeitung, den Block für die Interpolation und den Tabellenblock.

```
100 REM    POLYGON 1.9
110 PRINT "RL-Glied mit variablem R, Gleichspannung"
120 PRINT "Parameter:  R , L , U "
130 INPUT R,L,U
140 GOSUB 410
150 PRINT " tStart   , iL(tStart) , tEnde "
160 INPUT T,Y,T1
170 PRINT "Schrittweite , Schritte-bis-Druck"
180 INPUT H,M
190 PRINT " t = ";T,"iL = ";INT(Y*10000)/10000
-------------------------------------------------------
200 IF T>T1 THEN GOTO 290                      Polygonzug
210 FOR K=1 TO M
220 LET I=Y
230 GOSUB 300
240 LET G=(U-W-Y*R)/L
250 LET Y=Y+H*G
260 LET T=T+H
270 NEXT K
280 GOTO 190
290 END
-------------------------------------------------------
300 IF I<A(1) THEN GOTO 360                    Bearbeitung
310 FOR K1=2 TO N                              der Tabelle
320 IF I<A(K1) THEN GOTO 380
330 NEXT K1
340 LET W=V(N)
350 RETURN
360 LET W=V(1)
370 RETURN
---------------------------
380 LET W=(I-A(K1-1))*(V(K1)-V(K1-1))/(A(K1)-A(K1-1))
390 LET W=W+V(K1-1)
400 RETURN                                  Interpolation
-------------------------------------------------------
410 REM GLUEHLAMPE                          Tabelle mit
420 DIM A(5)                                5 Wertepaaren
430 DIM V(5)                                Ampere/Volt
440 LET N=5
450 LET A(1)=0
460 LET V(1)=0
470 LET A(2)=0.17
480 LET V(2)=50
490 LET A(3)=0.28
500 LET V(3)=100
510 LET A(4)=0.35
520 LET V(4)=150
530 LET A(5)=0.4
540 LET V(5)=200
550 RETURN
```

Der Block für das Polygonzugverfahren ist uns bekannt. Die Glühlampenspannung tritt darin als Variable W auf. Dieses W wird im Interpolationsblock berechnet:

Es muß für einen Wert I des Glühlampenstromes, der zwischen den Tabellenwerten $A_1$ und $A_2$ liegt, der entsprechende zwischen den Tabellenwerten $V_1$ und $V_2$ liegende Wert W der Glühlampenspannung ermittelt werden. Dazu dient die Zweipunkteform der Geradengleichung

$$(W - V_1)/(I - A_1) = (V_2 - V_1)/(A_2 - A_1). \tag{4}$$

Der Tabellenverarbeitungsblock unterscheidet drei Fälle: Ist der Strom kleiner als der kleinste Tabellenwert A(1), so gilt W = V(1). Ist der Strom kleiner als der jeweils nächste Tabellenwert A(K), so wird linear interpoliert. Ist der Strom größer oder gleich A(N), so wird W = V(N) genommen.

Im Tabellenblock werden die Plätze für N = 5 Wertepaare A/V der Glühlampenkennlinie mit DIM A(5) und DIM V(5) reserviert und dann mit den Werten belegt.

Das entsprechende Pascal-Programm, bei dem wir wieder konsequent die Unterprogrammtechnik anwenden und für die Interpolation eine function INTERPOL einsetzen, lautet:

```
(*      Beschreibung eines Elementes durch Kennlinie.
        Es wird ein allgemeines Unterprogramm fuer die lineare
        Interpolation eingefuehrt.
        Die Kennlinie wird beschrieben durch Punkte mit
        den Koordinaten ( XX[k] , YY[k] ) fuer k = 1 ,...,NKenn
        Fuer Werte ausserhalb des "Messwertebereiches", d.h.
        fuer XX < XX[1]  und  XX > XX[NKenn] wird YY konstant
        auf den Eckwert gesetzt. Dies setzt voraus, dass die
        Abszisenwerte XX in aufsteigender Reihenfolge , d.h.
        XX[k-1] < XX[k]  abgespeichert sind.

        Programmtechnisch werden Vektoren eingefuehrt. Wir
        setzen einheitlich einen Maximalwert von 20 fuer die
        Anzahl der Punkte.
        Die Eingabe der Kennlinie kann entweder fest im
        Programm oder durch Eingabe erfolgen. Daher wird eine
        procedure KENNLINIE eingefuehrt, die im naechsten
        Beispiel ersetzt wird.                    *)


program POLYGON1 ( input,output );
type    VEKTOR  =  array [1..20] of real;
var     T,Y,TENDE,H,Z,U1,Uw  : real;
        K,M,NKenn : integer;
        iKenn,uKenn : VEKTOR;
        ENDE : boolean;
        R,L,U  : real;            (* Parameter *)
```

```
function INTERPOL ( X:real; N:integer; var XX,YY:VEKTOR):real;
   var  K:integer;
   begin
   if X < XX[1]   then          INTERPOL := YY[1]
      else if X >= XX[N]  then INTERPOL := YY[N]
          else for K := 2 to N do
             if X < XX[K] then
               INTERPOL := YY[K-1] + (X - XX[K-1]) *
                   (YY[K] - YY[K-1]) / (XX[K] - XX[K-1])
   end;

procedure KENNLINIE;  (*  Gluehlampe  *)
   begin
   NKenn := 5;
   uKenn[1] :=   0; iKenn[1] := 0.00;
   uKenn[2] := 50; iKenn[2] := 0.17;
   uKenn[3] :=100; iKenn[3] := 0.28;
   uKenn[4] :=150; iKenn[4] := 0.35;
   uKenn[5] :=200; iKenn[5] := 0.40
   end;

procedure  G ( T:real; Y:real; var Z:real );
   begin
          U1 := U;               (*  Gleichspannung *)
          Uw := INTERPOL( Y , NKenn , iKenn , uKenn );
           Z := ( U1 - Uw - Y * R ) / L ;
   end;

begin   (* Hauptprogramm *)
writeln('Das RL-Glied mit variablem R, Gleichspannung');
writeln('Parameter:   R    L    U ');
read( R, L, U);
KENNLINIE;
writeln(' t    i(t)  tEnde ');
read ( T, Y, TENDE );
writeln('Verfahrenswerte:   Schrittweite   Schritte-bis-Druck');
read ( H , M);
ENDE := false;
repeat
   writeln(' t = ', T:10:3, ' ,    iL =  ', Y:10:3);
   if  T < TENDE
     then for  K := 1 to M do
          begin
          G ( T , Y , Z );
          Y := Y + H * Z;
          T := T + H
          end
     else ENDE := true
until ENDE
end.
```

Die untenstehende Liste zeigt ein Rechenbeispiel.

```
Parameter:  R , L , U
?50,2,220
 tStart   , iL(tStart) , tEnde
?0,0,0.009
Schrittweite , Schritte-bis-Druck
?0.0001,10
 t = 0                      iL = 0
 t = 1 E-003                iL = 0.1018
 t = 2 E-003                iL = 0.1874
 t = 3 E-003                iL = 0.2556
 t = 4 E-003                iL = 0.3076
 t = 5 E-003                iL = 0.3434
 t = 6 E-003                iL = 0.3669
 t = 7 E-003                iL = 0.3807
 t = 8.000001 E-003 iL = 0.3887
 t = 9 E-003                iL = 0.3934
 t = 1 E-002                iL = 0.3961
READY
```

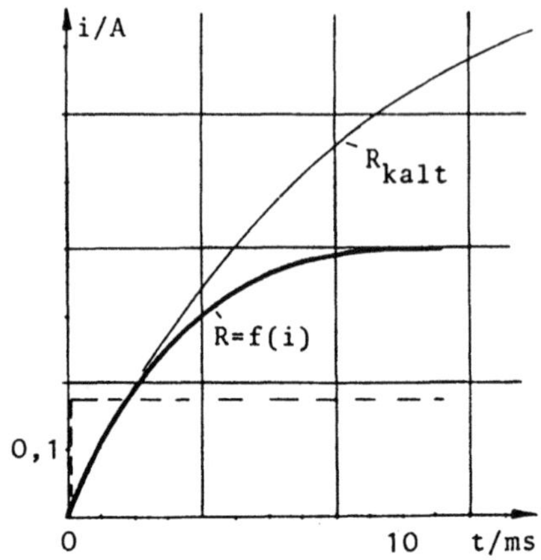


### 6.2.2.2 Lichtbogen

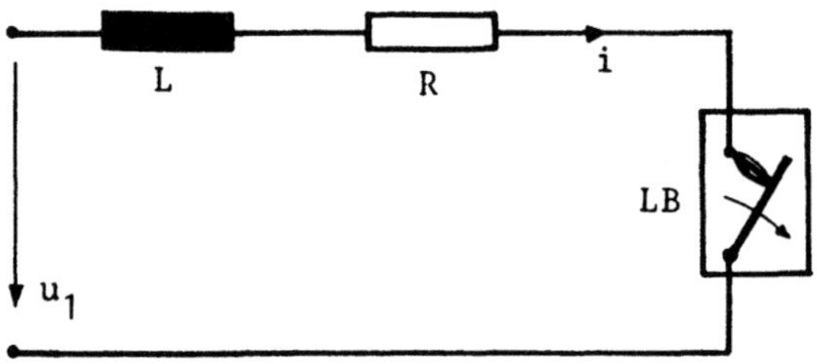


Durch Messung wurden für den Lichtbogen folgende Werte gefunden:

| u/V | 0 | 50 | 100 | 150 | 200 | 250 | 300 |
|---|---|---|---|---|---|---|---|
| i/A | $\to \infty$ | 15.1 | 10 | 6.1 | 3.6 | 2.1 | 0.91 |

Die Schaltung gleicht der für die Glühlampe (Abschnitt 6.2.2.1), lediglich die Kennlinie des ohmschen Elements W (Abschnitt 6.2.2) weicht erheblich ab.

Für eine Gleichspannungsquelle $u_1(t) = U$ gehen wir jeweils vom kurzgeschlossenen Lichtbogen (Anfangswert: $i(0) = U/R$) aus und öffnen den Lichtbogen. Durch Rechnung untersuchen wir, ob der Lichtbogen in Abhängigkeit vom Reihenwiderstand R abreißt ($i \leqslant 0$) oder in stabilen Brennzustand übergeht.

Elektrotechnisch haben wir es mit einem Ausgleichsvorgang mit Anfangswert $> 0$ zu tun. Das Störglied $u_1(t)$ ist nicht 0. Programmiertechnisch könnten wir das Programm von 6.2.2.1 vollständig übernehmen unter Berücksichtigung des Anfangswertes $i(0)$ und der Lichtbogenkennlinie. Den Wert $i(0) = U/R$ berechnen wir „per Hand".

Wie die folgende Programmliste zeigt, geben wir bei diesem Beispiel die Kennlinienwerte direkt per Tastatur ein. Bei anderer Kennlinie ist somit kein Eingriff ins Programm mehr nötig.

Die Plätze werden bei BASIC mit DIM A(20) bzw. DIM V(20) reserviert und dann der Reihe nach belegt. Wichtig ist, daß mit ansteigenden Werten von i(k) eingelesen wird.

```
100 REM   POLYGON 1.10
110 PRINT "RL-Glied mit Lichtbogen, Gleichspannung"
120 PRINT "Parameter:  R , L , U "
130 INPUT R,L,U
140 GOSUB 410
150 PRINT " tStart ,i(tStart), tEnde "
160 INPUT T,Y,T1
170 PRINT "Schrittweite , Schritte-bis-Druck"
180 INPUT H,M
190 PRINT " t = ";T,"iL = ";INT(Y*10000)/10000
---------------------------------------------------------------
200 IF T>T1 THEN GOTO 290                          Polygonzug
210 FOR K=1 TO M
220 LET I=Y
230 GOSUB 300
240 LET G=(U-W-Y*R)/L
250 LET Y=Y+H*G
260 LET T=T+H
270 NEXT K
280 GOTO 190
290 END
---------------------------------------------------------------
300 IF I<A(1) THEN GOTO 360                  Bearbeitung der
310 FOR K1=2 TO N                            Tabelle
320 IF I<A(K1) THEN GOTO 380
330 NEXT K1
340 LET W=V(N)
350 RETURN
360 LET W=V(1)
370 RETURN
--------------------------------
380 LET W=(I-A(K1-1))*(V(K1)-V(K1-1))/(A(K1)-A(K1-1))
390 LET W=W+V(K1-1)
400 RETURN                                    Interpolation
---------------------------------------------------------------
410 REM EINGABE UEBER TASTATUR               Kennlinienwerte
420 DIM A(20)
430 DIM V(20)
440 INPUT "Anzahl der Kennlinienpunkte =",N
450 PRINT "Start mit kleinstem i(k), zugehöriges uKenn(k)"
460 FOR K1=1 TO N
470 PRINT K1
480 INPUT A(K1),V(K1)
490 NEXT K1
500 RETURN
```

Das entsprechende Pascal-Programm ist eine Abänderung des in Abschnitt 6.2.2.1 angegebenen und lautet:

```
(*      Die Eingabe der Kennlinie erfolgt ueber Tastatur .
        Zuerst muss die Anzahl der Punkte eingegeben
        werden. Dann liefert das Programm den jeweiligen
        Index und es muessen, durch SPACE getrennt, die
        Werte der Kennlinie ( iKenn  uKenn ) eingegeben
        werden, die i-Werte in aufsteigender Reihenfolge.
        Fuer den Grenzwert ( i --> oo ) gibt man
        etwa iKenn = 100  an.                        *)


program POLYGON1 ( input,output );
type    VEKTOR  =  array [1..20] of real;
var     T,Y,TENDE,H,Z,U1,Uw   : real;
        K,M,NKenn : integer;
        iKenn,uKenn : VEKTOR;
        ENDE : boolean;
        R,L,U  : real;            (* Parameter *)

function INTERPOL ( X:real; N:integer; var XX,YY:VEKTOR):real;
   var  K:integer;
   begin
   if X < XX[1]    then          INTERPOL := YY[1]
      else if X >= XX[N]  then INTERPOL := YY[N]
          else for K := 2 to N do
             if X < XX[K] then
               INTERPOL := YY[K-1] + (X - XX[K-1]) *
                   (YY[K] - YY[K-1]) / (XX[K] - XX[K-1])
   end;

procedure KENNLINIE;     (* Eingabe ueber Tastatur *)
   begin
   write('Kennlinie: Anzahl der Punkte =');
   read(NKenn);
   writeln('       iKenn[k]     uKenn[k]');
   for K := 1 to NKenn do
     begin
     write(K:3,'    ');
     read(iKenn[K],uKenn[K])
     end;
   if iKenn[1] > iKenn[NKenn] then
               writeln('falsche Reihenfolge der i-Werte')
   end;


procedure  G ( T:real; Y:real; var Z:real );
   begin
          U1 := U;              (*  Gleichspannung *)
          Uw := INTERPOL( Y , NKenn , iKenn , uKenn );
           Z := ( U1 - Uw - Y * R ) / L ;
   end;
```

```
begin    (* Hauptprogramm *)
writeln('Das RL-Glied mit Lichtbogen , Gleichspannung');
writeln('Parameter:    R     L     U ');
read( R, L, U);
KENNLINIE;
writeln(' t     i(t)   tEnde ');
read ( T, Y, TENDE );
writeln('Verfahrenswerte:    Schrittweite    Schritte-bis-Druck'
read ( H , M);
ENDE := false;
repeat
   writeln(' t = ', T:10:3, ' ,    i =  ', Y:10:3);
   if  T < TENDE
     then for  K := 1 to M do
          begin
          G ( T , Y , Z );
          Y := Y + H * Z;
          T := T + H
          end
     else ENDE := true
until ENDE
end.
```

Die folgenden Beispiele sind gerechnet für:

$L = 0.1$ H,
$U = 220$ V,
$h = 2 \cdot 10^{-4}$, (bzw. $1 \cdot 10^{-3}$),
$m = 10$.

Das erste Beispiel mit R = 22 Ohm zeigt einen Lichtbogen, der schon nach 14 ms von selbst erlischt (Werte werden negativ). Das zweite Beispiel, mit R = 12.8 Ohm, zeigt einen Lichtbogen, der ebenfalls, aber erst nach 110 ms, erlischt. Wir haben die Rechnung bei i(0.02 ms) =12,4154 A unterbrochen und mit fünfmal größerer Schrittweite fortgesetzt.

Das dritte Beispiel, R = 12 Ohm, zeigt einen Lichtbogen, der stabil weiterbrennt. Dies zeigt sich daran, daß nach 0.5 s der Strom bei 10 A „stehen bleibt".

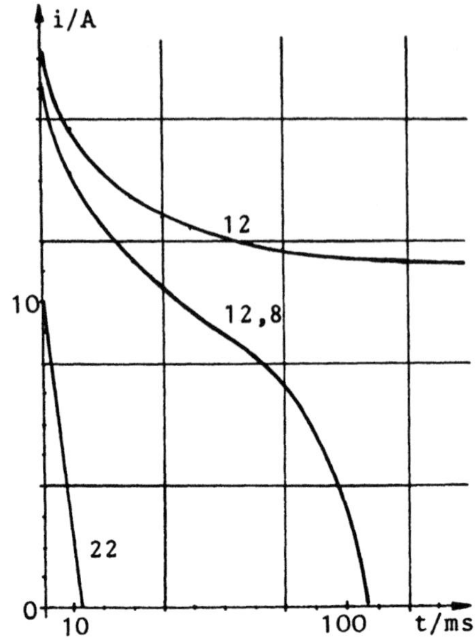


1. R = 22 Ohm

```
Schrittweite , Schritte-bis-Druck
?.0002,10
 t = 0  iL = 10
 t = 2 E-003     iL = 8.1573
 t = 4 E-003     iL = 6.6264
 t = 6 E-003     iL = 5.3267
 t = 8 E-003     iL = 4.0959
 t = 1 E-002     iL = 2.8674
 t = 1.2 E-002   iL = 1.3475
 t = 1.4 E-002   iL = -0.4149
 t = 1.6 E-002   iL = -1.5823
 t = 1.8 E-002   iL = -2.3266
```

2. R = 12.8 Ohm

```
Schrittweite , Schritte-bis-Druck
?.0002,10
 t = 0   iL = 17.1875
 t = 2 E-003      iL = 16.2951
 t = 4 E-003      iL = 15.6066
 t = 6 E-003      iL = 15.0754
 t = 8 E-003      iL = 14.6236
 t = 1 E-002      iL = 14.1982
 t = 1.2 E-002    iL = 13.7975
 t = 1.4 E-002    iL = 13.4202
 t = 1.6 E-002    iL = 13.065
 t = 1.8 E-002    iL = 12.7304
 t = 2 E-002      iL = 12.4154
 t = 2.2 E-002    iL = 12.1188
```

```
Schrittweite , Schritte-bis-Dru
?.001,10
 t = 2 E-002      iL = 12.4154
 t = 3 E-002      iL = 11.0815
 t = 4 E-002      iL = 10.0975
 t = 5 E-002      iL = 9.2936
 t = 6 E-002      iL = 8.4914
 t = 7 E-002      iL = 7.6876
 t = 8 E-002      iL = 6.8821
 t = 9 E-002      iL = 6.0749
 t = 0.1          iL = 4.9229
 t = 0.11         iL = 2.4383
 t = 0.12         iL = -3.6518
```

3. R = 12 Ohm

```
Schrittweite , Schritte-bis-Druck
?.0002,10
 t = 0   iL = 18.3
 t = 2 E-003      iL = 17.4085
 t = 4 E-003      iL = 16.7093
 t = 6 E-003      iL = 16.1609
 t = 8 E-003      iL = 15.7308
 t = 1 E-002      iL = 15.3935
 t = 1.2 E-002    iL = 15.1289
 t = 1.4 E-002    iL = 14.9073
 t = 1.6 E-002    iL = 14.696
 t = 1.8 E-002    iL = 14.4938
 t = 2 E-002      iL = 14.3003
 t = 2.2 E-002    iL = 14.1151
          :
```

```
 t = 0.35         iL = 10.0028
 t = 0.36         iL = 10.0022
 t = 0.37         iL = 10.0018
 t = 0.38         iL = 10.0014
 t = 0.39         iL = 10.0011
 t = 0.4          iL = 10.0009
 t = 0.41         iL = 10.0007
 t = 0.42         iL = 10.0005
 t = 0.43         iL = 10.0004
 t = 0.44         iL = 10.0003
 t = 0.45         iL = 10.0003
 t = 0.46         iL = 10.0002
 t = 0.47         iL = 10.0001
 t = 0.48         iL = 10.0001
 t = 0.49         iL = 10.0001
 t = 0.5          iL = 10.0001
 t = 0.51         iL = 10
```

### 6.2.3 RL-Glied mit variablem L (Eisendrossel)

Für eine Eisendrossel kann man ein Ersatzschaltbild aufstellen, das dem Spannungsteiler mit Spule (Abschnitt 6.2) entspricht.

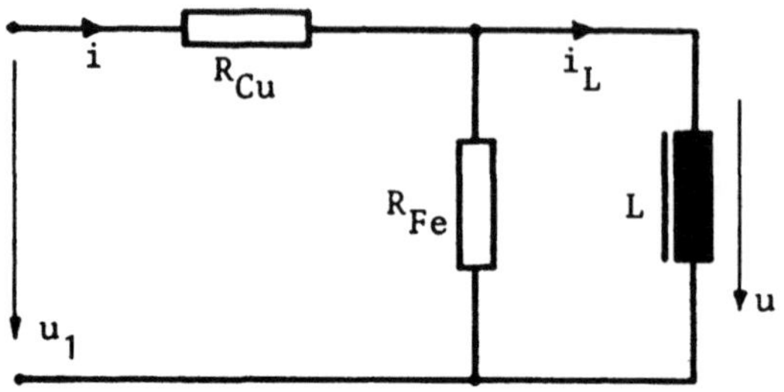


$R_{Cu}$ repräsentiert dabei den (ohmschen) Widerstand der Kupferwicklung, während das zu L parallelgeschaltete $R_{Fe}$ die (ohmschen) Verluste im Eisenkern wiedergibt. Die Induktivität der Spule L ist jedoch nicht mehr konstant, sondern hängt vom Spulenstrom $i_L$ ab. Es gelten die Formeln

$$L = a \cdot \mu(H)$$
$$\mu(H) = B(|H|)/|H| \qquad (6)$$
$$H = b \cdot i_L$$

mit konstanten Parametern a und b, die von Windungszahl und Geometrie der Drossel abhängen.

Für die magnetische Flußdichte bekommt man bei Dynamoblech den folgenden Zusammenhang

| H/A/m | 0 | 100 | 200 | 300 | 400 | 500 | 700 | 1000 | 1200 | 1500 |
|---|---|---|---|---|---|---|---|---|---|---|
| B/Vs/m² | 0.0 | 0.70 | 1.06 | 1.20 | 1.26 | 1.30 | 1.33 | 1.36 | 1.38 | 1.40 |

Eine für unsere Zwecke genügend genaue Näherung für B(H) bekommen wir durch den Ansatz

$$(B - d) \cdot (|H| - c) = e$$

für geeignet gewählte Parameter c, d, e.

Aus B(0) = 0 folgt $e = c \cdot d$ und damit

$$B = d \cdot |H|/(|H| - c). \qquad (7)$$

Mit B(1500) = 1.40 und B(200) = 1.06 ergibt sich

$$c = -78 \quad \text{und} \quad d = 1.47. \qquad (7a)$$

Aus (6) und (7) bekommen wir die Stromabhängigkeit der Induktivität zu

$$L = a \cdot \mu(H) = a \cdot B(|H|)/|H| = a \cdot d/(|H| - c) = a \cdot d/(b \cdot |i_L| - c).$$

Also

$$L(i_L) = q/(|i_L| - r) \quad \text{mit} \quad q = a \cdot d/b \quad \text{und} \quad r = c/b. \tag{8}$$

Mit (2) (Abschnitt 6.2) bekommen wir die Dgl.

$$i_L' = (u_1(t) - i_L \cdot R_{Cu})/(L(i_L) \cdot (1 + R_{Cu}/R_{Fe})). \tag{9}$$

Das Programm beschafft sich seine Kennlinienwerte selbst (vgl. (6), (7a), (8)). Ansonsten sind gegenüber den vorhergehenden Programmbeispielen keine prinzipiellen Unterschiede vorhanden.

```
100 REM    POLYGON 1.11
110 PRINT "RL-Glied mit variablem L , Sinusspannung"
120 PRINT "Eisendrossel: RCu,RFe,Windungen,FeQuer,FeLaenge "
130 INPUT R1,R2,W,Q1,L1
-----------------------------------------------------------
140 LET B=W/L1                                Berechnung der
150 LET A=B*W*Q1                              Kennlinienparameter
160 LET C=-78
170 LET D=1.47
180 LET Q=A*D/B
190 LET R=C/B
-----------------------------------------------------------
200 PRINT "Amplitude von u1, Frequenz"
210 INPUT U,F
220 PRINT "tStart, iL(tStart), tEnde "
230 INPUT T,Y,T1
240 PRINT "Schrittweite , Schritte-bis-Druck"
250 INPUT H,M
260 PRINT " t = ",T,", iL = ",INT(Y*10000)/10000
-----------------------------------------------------------
270 IF T>T1 THEN GOTO 380                          Polygonzug
280 FOR K=1 TO M
290 GOSUB 340
300 LET Y=Y+H*G
310 LET T=T+H
320 NEXT K
330 GOTO 260
-----------------------------------------------------------
340 LET U1=U*SIN(2*PI*F*T)                      aktuelle Dgl.
350 LET L=Q/(ABS(Y)-R)                        <---Kennlinie
360 LET G=(U1-Y*R1)/(L*(1+R1/R2))
370 RETURN
-----------------------------------------------------------
380 END
```

Das entsprechende Pascal-Programm lautet:

```
program POLYGON1 ( input,output );
const   PI = 3.1415926;
var     T,Y,TENDE,H,Z,U1   : real;
        A,B,C,D,Q,R,L : real;
        K,M : integer;
        ENDE : boolean;
        RCu,RFe,WINDUNG,FeQuer,FeLaenge,U,Freq    : real;

procedure  G ( T:real; Y:real; var Z:real );
   begin
        U1 := U * sin( 2*PI*Freq*T) ;    (*  Sinusspannung *)
        L  := Q / ( abs(Y) - R );
        Z := ( U1 - Y * RCu ) / ( L * (1 + RCu / RFe )) ;
   end;

begin   (* Hauptprogramm *)
writeln('Das RL-Glied mit variabem L,  Sinusspannung');
writeln('Eisendrossel: RCu  RFe  Windungen  FeQuer  FeLaenge');
read( RCu, RFe, WINDUNG, FeQuer, FeLaenge);
B := WINDUNG / FeLaenge;
A := B * WINDUNG * FeQuer;
C := -78;
D := 1.47;
Q := A * D / B;
R := C / B;
writeln('Eingangsspannung:  U   Frequenz');
read( U, Freq);
writeln(' t    iL(t)  tEnde ');
read ( T, Y, TENDE );
writeln('Verfahrenswerte:   Schrittweite   Schritte-bis-Druck');
read ( H , M);
ENDE := false;
repeat
   writeln(' t = ', T:10:5, ' ,    iL =  ', Y:10:5);
   if  T < TENDE
     then for  K := 1 to M do
          begin
          G ( T , Y , Z );
          Y := Y + H * Z;
          T := T + H
          end
     else ENDE := true
until ENDE
end.
```

Wir untersuchen als Beispiel eine Eisendrossel mit 250 Windungen, einer mittleren Eisenweglänge 0,5 m und einem Eisenquerschnitt 0.0016 $m^2$. Der Kupferwiderstand ist $R_{Cu}$ = 10 Ohm, der Eisenersatzwiderstand $R_{Fe}$ = 100 Ohm.

Zum Zeitpunkt t = 0 wird eine Sinusspannung mit der Amplitude U = 200 Volt und der Frequenz f = 50 Hz eingeschaltet. Das ergibt folgende Zahlenwerte:

```
RL-Glied mit variablem L , Sinusspannung
Eisendrossel: RCu, RFe, Windungen, FeQuer, FeLaenge
?10,100,250,0.0016,0.5
Amplitude von u1, Frequenz
?200,50
tStart, iL(tStart), tEnde
?0,0,0.004
Schrittweite , Schritte-bis-Druck
?0.0001,10
 t =     0          iL =    0
 t =     1 E-003             iL =    6.8 E-003
 t =     2 E-003             iL =    3.03 E-002
 t =     3 E-003             iL =    7.41 E-002
 t =     4 E-003             iL =    0.1445
 t =     5 E-003             iL =    0.2481
READY
```

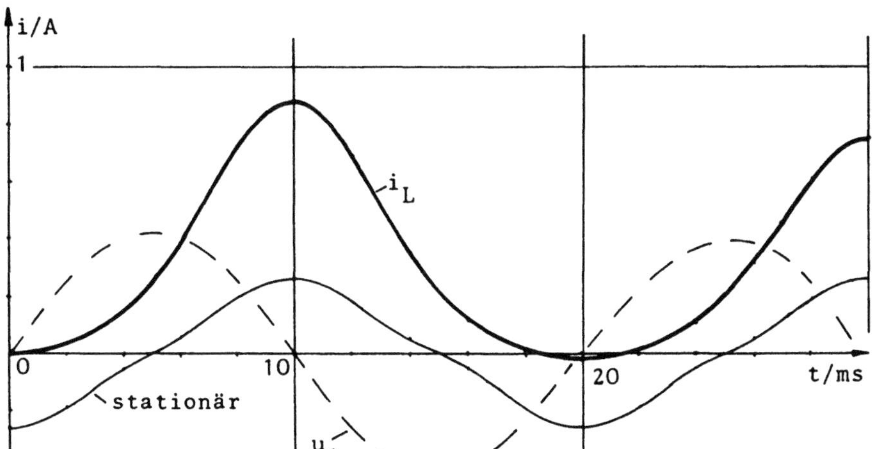

# 7 Berechnung von Schaltungen mit zwei Energiespeichern mittels Differentialgleichung

## 7.1 Schalten einer RLC-Reihenschaltung

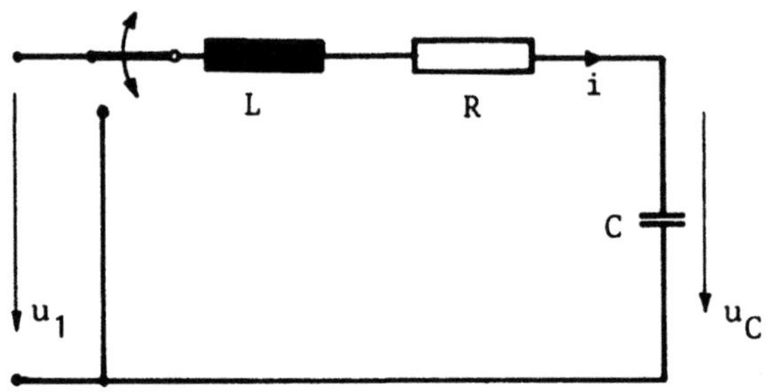


Maschenregel:

$$u_R + u_L + u_C = u_1.$$

Es ist hier vorteilhaft, die Größe $u_C$ als gesuchte Größe zu nehmen:

$$R \cdot i + L \cdot i' + u_C = u_1. \tag{1}$$

Mit Tabelle 1 (setzt die Differenzierbarkeit von $u_C'$ voraus):

$$R \cdot C \cdot u_C' + L \cdot C \cdot u_C'' + u_C = u_1,$$

oder

$$u_C'' + \frac{R}{L} \cdot u_C' + \frac{1}{L \cdot C} \cdot u_C = \frac{u_1}{L \cdot C},$$

oder

$$u_C'' + 2 \cdot \vartheta \cdot u_C' + \omega_0^2 \cdot u_C = u_1 \cdot \omega_0^2; \qquad 2 \cdot \vartheta = \frac{R}{L}, \ \omega_0^2 = \frac{1}{L \cdot C}. \tag{2}$$

### 7.1.1 Ausschaltvorgang

Die homogene Dgl., die aus (2) folgt, beschreibt bekanntlich den Ausschaltvorgang. Zu ihrer Lösung macht man den Ansatz

$$\begin{aligned} u_C &= K \cdot e^{b \cdot t} \\ u_C' &= K \cdot b \cdot e^{b \cdot t} \\ u_C'' &= K \cdot b^2 \cdot e^{b \cdot t}. \end{aligned} \tag{3}$$

Dies in (2) ergibt:

$$b^2 + 2 \cdot \vartheta \cdot b + \omega_0^2 = 0$$
$$b_{1,2} = -\vartheta \pm \sqrt{\vartheta^2 - \omega_0^2}. \tag{4}$$

Man hat nun drei mögliche Fälle zu unterscheiden:

1. $\vartheta < \omega_0$ (schwache Dämpfung).
   Damit folgt aus (4):
   $$b_{1,2} = -\vartheta \pm j \cdot \sqrt{\omega_0^2 - \vartheta^2}. \tag{5}$$
2. $\vartheta = \omega_0$ (kritische Dämpfung).
   Damit folgt aus (4):
   $$b = -\vartheta. \tag{6}$$
   Außerdem:
   $$\frac{R}{L} = \frac{2}{\sqrt{L \cdot C}} \quad \text{oder} \quad R = 2 \cdot \sqrt{\frac{L}{C}}.$$
3. $\vartheta > \omega_0$ (starke Dämpfung).
   Es gilt $b_{1,2}$ nach (4).

Zu 1. Schwache Dämpfung:

Aus (3) mit (5) folgt

$$u_C = A \cdot e^{(-\vartheta + j\omega) \cdot t} + B \cdot e^{(-\vartheta - j\omega) \cdot t}.$$

Dabei ist $\omega = \sqrt{\omega_0^2 - \vartheta^2}$ die Resonanzfrequenz der Schaltung.

$$u_C = e^{-\vartheta \cdot t} \cdot (A \cdot e^{j\omega t} + B \cdot e^{-j\omega t}). \tag{7}$$

Zur Bestimmung der Konstanten A und B sind die Anfangswerte des Geschehens notwendig. Zur Zeit $t = 0$ ist C auf $U_0$ aufgeladen, also

$$u_C(0) = U_0. \tag{8}$$

Der Gesamtstrom ist zur Zeit $t = 0$: $i(0) = 0$.

Da der Strom in einer Induktivität nicht springen kann, bleibt er auch im Moment des Schaltens 0. Wegen $i_C = C\,u_C'$ ist also

$$u_C'(0) = 0. \tag{9}$$

(8) in (7) liefert $U_0 = A + B$.

Differenziert man (7) und setzt (9) ein, so folgt

$$0 = -\vartheta \cdot (A + B) + j\omega \cdot (A - B).$$

Damit erhält man schließlich

$$A = \frac{U_0}{2 \cdot j\omega} \cdot (j\omega + \vartheta)$$

$$B = \frac{U_0}{2 \cdot j\omega} \cdot (j\omega - \vartheta).$$

Dies in (7) ergibt unter Verwendung der Eulerschen Formel:

$$u_C = U_0 \cdot e^{-\vartheta \cdot t} \cdot \left[\frac{\vartheta}{\omega} \cdot \sin \omega t + \cos \omega t\right]. \tag{10}$$

Proben:

Die Dimensionen in (10) stimmen. Der imaginäre Anteil ist verschwunden. Für $t \to \infty$ ergibt (10) $u_C = 0$, wie dies bei Ausschaltvorgängen stets sein muß.

Zu 2. Kritische Dämpfung:

Anstelle des Ansatzes (3) gilt nach der mathematischen Theorie nunmehr der Ansatz

$$u_C = A \cdot e^{-\vartheta \cdot t} + B \cdot t \cdot e^{-\vartheta \cdot t}.$$

Daraus folgt ohne weiteres

$$u_C(0) = A$$

$$u_C'(0) = B - \vartheta \cdot A.$$

Die Anfangsbedingungen (8, 9) gelten auch hier, so daß die Konstanten lauten:

$$A = U_0; \quad B = \vartheta \cdot U_0.$$

Die endgültige Lösung ist also:

$$u_C = U_0 \cdot (1 + \vartheta \cdot t) \cdot e^{-\vartheta \cdot t}. \tag{11}$$

Zu 3. Starke Dämpfung:

Aus (3) mit (4) folgt

$$u_C = A \cdot e^{(-\vartheta + D) \cdot t} + B \cdot e^{(-\vartheta - D) \cdot t}; \quad D = \sqrt{\vartheta^2 - \omega_0^2}. \tag{12}$$

Die Konstanten A und B ergeben sich aus denselben Anfangswerten (8) und (9) wie bei der schwachen Dämpfung zu

$$A = \frac{U_0}{2} \cdot \left(1 + \frac{\vartheta}{D}\right) \qquad B = \frac{U_0}{2} \cdot \left(1 - \frac{\vartheta}{D}\right).$$

Damit wird aus (12), wenn man noch die Definitionen für den Hyperbelsinus bzw. -cosinus zu Hilfe nimmt [4]:

$$u_C = U_0 \cdot e^{-\vartheta \cdot t} \left[\cosh(D \cdot t) + \frac{\vartheta}{D} \sinh(D \cdot t)\right]. \tag{13}$$

Der Leser beachte die formale Übereinstimmung zwischen (10) und (13).

### 7.1.2 Einschalten einer Gleichspannung

Es gilt (2).

Wie in Abschnitt 1.3 dargelegt, wird der Einschaltvorgang beschrieben durch die homogene Lösung (hier z.B. (7)) und eine inhomogene Lösung von (2).

Der Ansatz für eine inhomogene Lösung lautet $u_C = k$.

Dies in (2):

$$0 + 0 + \omega_0^2 \cdot k = U_0 \cdot \omega_0^2$$

$$k = U_0.$$

Daraus und mit (7) wird die allgemeine Lösung bei schwacher Dämpfung:

$$u_C = U_0 + e^{-\vartheta \cdot t} \cdot [A \cdot e^{j\omega t} + B \cdot e^{-j\omega t}].$$

A und B bestimmt man aus den Anfangsbedingungen

$$u_C(0) = 0 \quad \text{und} \quad u_C'(0) = 0$$

wie in Abschnitt 7.1.1 und erhält so die Lösung

$$u_C = U_0 \cdot \left[1 - \left(\cos \omega t + \frac{\vartheta}{\omega} \cdot \sin \omega t\right) \cdot e^{-\vartheta \cdot t}\right]. \tag{14}$$

Für $t \to \infty$ muß C auf $U_0$ aufgeladen sein. (14) liefert dementsprechend $u_C \to U_0$. Die Dimensionsprobe stimmt.

Aus (14) folgt für i:

$$i = C \cdot u_C' = \frac{U_0}{\omega L} \cdot e^{-\vartheta \cdot t} \cdot \sin \omega t. \tag{14a}$$

## 7.2 Schalten einer RLC-Parallelschaltung

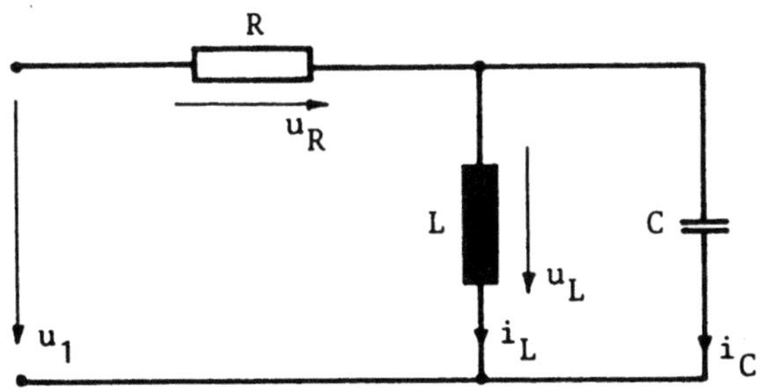


Die Maschenregel ergibt

$$u_L + u_R = u_1.$$

Mit Knotenregel und Tabelle 1 folgt daraus

$$L \cdot i_L' + R \cdot (i_C + i_L) = u_1$$

$$L \cdot i_L' + R \cdot C \cdot u_C' + R \cdot i_L = u_1$$

$$L \cdot i_L' + R \cdot L \cdot C \cdot i_L'' + R \cdot i_L = u_1$$

$$i_L'' + \frac{1}{R \cdot C} \cdot i_L' + \frac{1}{L \cdot C} \cdot i_L = \frac{u_1}{R \cdot L \cdot C}$$

$$i_L'' + 2 \cdot \vartheta \cdot i_L' + \omega_0^2 \cdot i_L = \frac{u_1}{R \cdot L \cdot C}; \qquad 2 \cdot \vartheta = \frac{1}{R \cdot C}, \quad \omega_0^2 = \frac{1}{L \cdot C}. \tag{15}$$

Diese inhomogene Dgl. zweiter Ordnung beschreibt obige Schaltung. Sucht man statt $i_L$ z.B. $u_L = u_C$, so leitet man es aus $i_L$ ab:

$$u_L = L \cdot i_L'.$$

### 7.2.1 Ausschaltvorgang

Dem Vorgang liegt folgende Schaltung zugrunde:

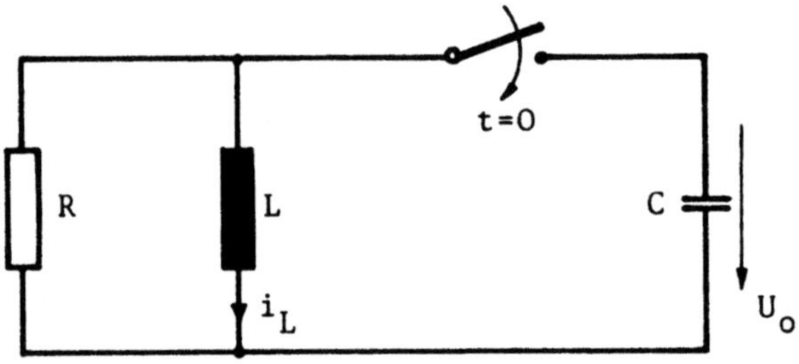


Die zugehörige Dgl. folgt aus (15):

$$i_L'' + 2 \cdot \vartheta \cdot i_L' + \omega_0^2 \cdot i_L = 0. \tag{16}$$

Diese Gleichung entspricht (2), so daß die allgemeine Lösung für beispielsweise schwache Dämpfung von dort übernommen werden kann:

$$i_L = e^{-\vartheta \cdot t}[A \cdot e^{j\omega t} + B \cdot e^{-j\omega t}]. \tag{17}$$

Die Anfangswerte betragen

$$i_L(0) = 0;$$

$$i_L'(0) = \frac{u_L(0)}{L} = \frac{u_C(0)}{L} = \frac{U_0}{L}.$$

Damit ergeben sich A und B in (17) entsprechend Abschnitt 7.1.1 zu

$$A = \frac{U_0}{2 \cdot j\omega \cdot L};$$

$$B = -\frac{U_0}{2 \cdot j\omega \cdot L}.$$

Dies in (17) eingesetzt, ergibt mit Hilfe der Eulerschen Formel

$$i_L = \frac{U_0}{\omega \cdot L} \cdot e^{-\vartheta \cdot t} \cdot \sin \omega t. \tag{18}$$

### 7.2.2 Einschaltvorgang

#### 7.2.2.1 Gleichspannung

Es gilt die inhomogene Dgl. (15) mit dem Störglied $u_1 = U_0$. Die Lösung der homogenen Dgl. ist uns in (17) gegeben. Wir schreiben (17) um:

$$i_L = e^{-\vartheta \cdot t} \cdot (a \cdot \sin \omega t + b \cdot \cos \omega t). \tag{19}$$

Von (17) nach (19) führt die Eulersche Formel. Um eine inhomogene Lösung zu finden, machen wir wie üblich den Ansatz „in Form" des Störgliedes:

$$i_L = K.$$

Dies in (15) ergibt:

$$0 + 2 \cdot \vartheta \cdot 0 + \omega_0^2 \cdot K = \frac{U_0}{R \cdot L \cdot C}$$

$$K = \frac{U_0}{R}.$$

Die vollständige Lösung ist die Summe von homogener und inhomogener Lösung:

$$i_L = \frac{U_0}{R} + e^{-\vartheta \cdot t} \cdot (a \cdot \sin \omega t + b \cdot \cos \omega t). \tag{20}$$

Im Moment des Einschaltens ist der Strom durch die Induktivität L null:

$$i_L(0) = 0.$$

Im Moment des Einschaltens ist die Spannung am Kondensator C null, also auch die Spannung an L. Damit wird

$$L \cdot i'(0) = u_L(0) = 0.$$

Dies in (20) bzw. in der Ableitung von (20) ergibt sofort:

$$b = -\frac{U_0}{R}; \quad a = -\frac{\vartheta}{\omega} \cdot \frac{U_0}{R}.$$

Also lautet die vollständige Lösung:

$$i_L = \frac{U_0}{R} \cdot \left[1 - e^{-\vartheta \cdot t} \cdot \left(\cos \omega t + \frac{\vartheta}{\omega} \cdot \sin \omega t\right)\right]. \tag{21}$$

#### 7.2.2.2 Sinuswechselspannung

Es gilt die inhomogene Dgl. (15) mit dem Störglied $u_1 = U \cdot \sin \omega_1 t$. Für die Lösung der homogenen Dgl. verwenden wir (19), während wir zum Auffinden einer Lösung der inhomogenen Dgl. den Ansatz „in Form" des Störgliedes versuchen:

$$i_L = c \cdot \sin \omega_1 t + d \cdot \cos \omega_1 t. \tag{22}$$

Man bildet $i_L'$ und $i_L''$ und setzt es in (15) ein. Der Koeffizientenvergleich linke – rechte Seite liefert dann

$$c = -\frac{U}{R \cdot L \cdot C} \cdot \frac{\omega_1^2 - \omega_0^2}{(2 \cdot \vartheta \cdot \omega_1)^2 + (\omega_1^2 - \omega_0^2)^2} \tag{23}$$

$$d = c \cdot \frac{2 \cdot \vartheta \cdot \omega_1}{\omega_1^2 - \omega_0^2}.$$

Die vollständige Lösung ist die Summe von homogener Lösung (19) und inhomogener Lösung (22):

$$i_L = e^{-\vartheta \cdot t} \cdot (a \cdot \sin \omega t + b \cdot \cos \omega t) + c \cdot \sin \omega_1 t + d \cdot \cos \omega_1 t. \tag{24}$$

Der Leser beachte, daß wir es nun mit drei Frequenzen zu tun haben. Man muß unterscheiden:

Die Kennfrequenz $\omega_0 = \dfrac{1}{\sqrt{L \cdot C}}$,

die Resonanzfrequenz $\omega = \sqrt{\omega_0^2 - \vartheta^2}$,

die Erregerfrequenz $\omega_1$.

In (24) sind c und d über (23) bekannt, a und b werden über dieselben Anfangswerte wie in Abschnitt 7.2.2.1 bestimmt:

$$b = -d = -c \cdot \frac{2 \cdot \vartheta \cdot \omega_1}{\omega_1^2 - \omega_0^2}$$

$$a = -c \cdot \left[ \frac{\omega_1}{\omega} + \frac{2 \cdot \vartheta^2 \cdot \omega_1}{\omega \cdot (\omega_1^2 - \omega_0^2)} \right].$$

Setzt man die Werte für a, b und d in (24) ein, so folgt

$$\begin{aligned} i_L = -c \cdot \Bigg[ e^{-\vartheta \cdot t} \cdot \Bigg\{ \left[ \frac{\omega_1}{\omega} + \frac{2 \cdot \vartheta^2 \cdot \omega_1}{\omega \cdot (\omega_1^2 - \omega_0^2)} \right] \cdot \sin \omega t \\ + \frac{2 \cdot \vartheta \cdot \omega_1}{\omega_1^2 - \omega_0^2} \cdot \cos \omega t \Bigg\} - \sin \omega_1 t - \frac{2 \cdot \vartheta \cdot \omega_1}{\omega_1^2 - \omega_0^2} \cdot \cos \omega_1 t \Bigg], \end{aligned} \tag{25}$$

mit c nach (23).

Dieser lange Ausdruck ist schwer zu kontrollieren. Die Dimensionsprobe ergibt mit $\vartheta[\frac{1}{s}]$ und $\omega[\frac{1}{s}]$ korrekte Klammerausdrücke.

$$c\left[\frac{V}{\Omega} = A\right].$$

Für $t = 0$ muß $i_L = 0$ sein. (25) erfüllt das. Für $t \to \infty$ und $\omega_1 \to 0$ (stationärer Zustand und Gleichstrom) erwartet man $i_L = \frac{U}{R}$. Auch das liefert (25).

### 7.2.3 Erweiterte RLC-Parallelschaltung

Die in Abschnitt 7.2 behandelte RLC-Parallelschaltung entspricht insoweit der elektrotechnischen Realität, als der Widerstand R dem Innenwiderstand $R_i$ des Generators entspricht. Die Spule ist dort verlustlos. Will man auch den Spulenwiderstand $R_L$ berücksichtigen, so gilt folgendes Schaltbild:

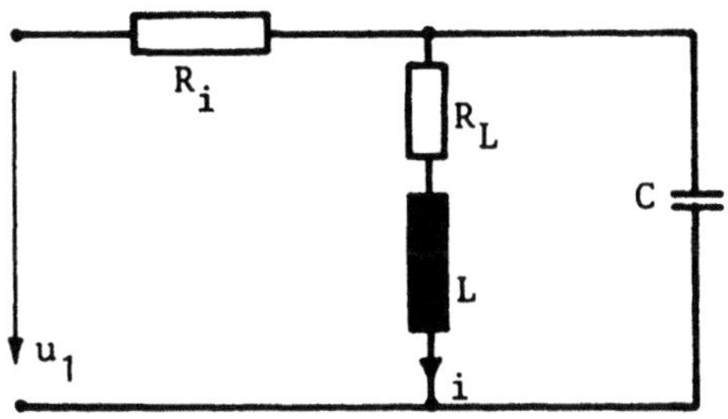


Diese Schaltung wird von der (15) entsprechenden Dgl. beschrieben:

$$i'' + 2 \cdot \vartheta^* \cdot i' + \omega_0^{*2} \cdot i = \frac{u_1}{R \cdot L \cdot C}. \tag{26}$$

Dabei ist aber nun

$$2 \cdot \vartheta^* = \frac{R_i \cdot R_L \cdot C + L}{R_i \cdot L \cdot C} = 2 \cdot \vartheta \cdot \left(1 + \frac{C \cdot R_i \cdot R_L}{L}\right) \tag{27}$$

$$\omega_0^{*2} = \frac{R_i + R_L}{R_i \cdot L \cdot C} = \omega_0^2 \cdot \left(1 + \frac{R_L}{R_i}\right). \tag{28}$$

# 8 Berechnung von Schaltungen mit zwei Energiespeichern mittels Laplace-Transformation

## 8.1 Schalten einer RCRC-Schaltung (aktiver Tiefpass)

In der Nachrichtentechnik spielen Schaltungen wie die unten angegebene als aktive Filter eine große Rolle [2]. Ihre Reaktion auf einen Spannungssprung am Eingang wird im Folgenden untersucht.

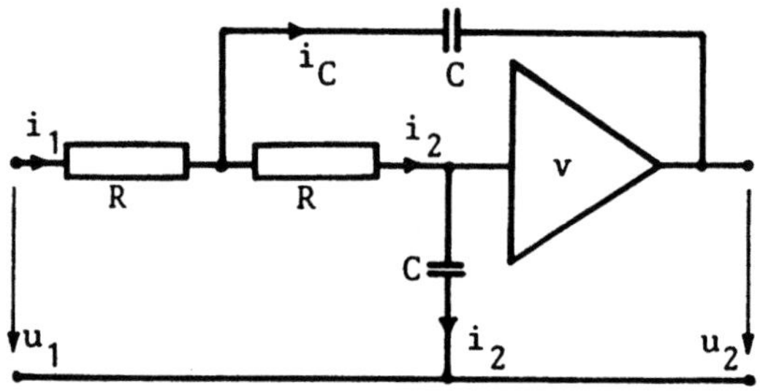


Es ergibt sich mit den Kirchhoffschen Regeln:

$$-u_1 + i_1 \cdot R + i_2 \cdot R + i_2 \cdot X = 0; \quad X = \frac{1}{p \cdot C}$$

$$-i_2 \cdot X - i_2 \cdot R + i_C \cdot X + u_2 = 0$$

$$i_1 - i_C - i_2 = 0$$

$$i_2 \cdot X \cdot v = u_2.$$

Daraus erhält man nach kurzer Zwischenrechnung (der geneigte Leser prüfe es nach):

$$u_2 = u_1 \cdot v \cdot \omega_0^2 \cdot \frac{1}{p^2 + \omega_0 \cdot (3 - v) \cdot p + \omega_0^2} \qquad \text{mit} \quad \omega_0 = \frac{1}{R \cdot C}. \tag{1}$$

### 8.1.1 Einschalten einer Gleichspannung

Mit Tabelle 2, Nr. 1 wird aus (1):

$$u_2 = U_0 \cdot v \cdot \omega_0^2 \cdot \frac{1}{p(p^2 + \omega_0 \cdot (3 - v) \cdot p + \omega_0^2)}. \tag{2}$$

Die Gleichung (2) stellt bereits die Lösung im Spektralbereich dar. Zur Rücktransformation in den Zeitbereich dient Tabelle 3, Nr. 6. Es ist dort zu setzen

$$2 \cdot \vartheta = \omega_0 \cdot (3 - v). \tag{3}$$

Wir unterscheiden:

$\omega_0 > \vartheta$ (schwache Dämpfung), hier: $v > 1$,

$\omega_0 = \vartheta$ (kritische Dämpfung), hier: $v = 1$,

$\omega_0 < \vartheta$ (starke Dämpfung), hier: $v < 1$.

Bei schwacher Dämpfung wird somit

$$u_2 = U_0 \cdot \left[1 - \left(\cos \omega t + \frac{\vartheta}{\omega} \cdot \sin \omega t\right) \cdot e^{-\vartheta \cdot t}\right] \cdot v. \tag{4}$$

Dabei ist $\omega$ die Schwingfrequenz:

$$\omega = \omega_0 \cdot \sqrt{1 - \left(\frac{3 - v}{2}\right)^2}. \tag{5}$$

Wählen wir z.B. $\omega = \omega_0/\sqrt{2}$, so wird nach (5) $v = 1{,}586$ und nach (3) $\vartheta = \omega_0/\sqrt{2}$. Diese Schaltung ist unter dem Namen Butterworth-Tiefpass bekannt. $\omega$ ist die sogenannte Eckfrequenz. Zur Beschreibung dieses und auch anderer Tiefpässe und Filter wird in der Nachrichtentechnik üblicherweise die Spektralfunktion, wie z.B. (2), oder die Sprungantwort, wie z.B. (4), herangezogen. Man nennt die Spektralfunktion dort den Frequenzgang.

## 8.2 Schalten einer RLC-Reihenschaltung

### 8.2.1 Ausschaltvorgang

Das Schaltbild findet man in Abschnitt 7.1.

Sucht man $u_C$, so geht man von (2) in Abschnitt 7.1 aus, die man mit Tabelle 2 in den Spektralbereich transformiert. Zusätzlich zu Tabelle 2 ist noch die allgemeine Beziehung erforderlich

$$u'' = p^2 \cdot u - p \cdot u(t = 0) + u'(t = 0)$$

hier:

$$u_C'' = p^2 \cdot u_C - U_0 \cdot p.$$

Damit wird aus der homogenen Dgl. zweiter Ordnung ((2) in Abschnitt 7.1):

$$u_C \cdot (p^2 + 2 \cdot \vartheta \cdot p + \omega_0^2) = U_0 \cdot p + 2 \cdot \vartheta \cdot U_0$$

mit der Lösung:

$$u_C = \frac{U_0 \cdot p}{p^2 + 2 \cdot \vartheta \cdot p + \omega_0^2} + \frac{2 \cdot \vartheta \cdot U_0}{p^2 + 2 \cdot \vartheta \cdot p + \omega_0^2}. \tag{6}$$

Die Rücktransformation von (6) in den Zeitbereich erfolgt mit Tabelle 3, Nr. 7 und 5 und ergibt

$$u_C = U_0 \cdot e^{-\vartheta \cdot t} \cdot \left(\cos \omega t + \frac{\vartheta}{\omega} \cdot \sin \omega t\right). \tag{7}$$

Man vergleiche (7) mit (10) in Abschnitt 7.1.1 und wird feststellen, daß die Rechnung hier wesentlich kürzer ausfällt.

Sucht man i, so wird man hier nicht den Umweg über $u_C$ machen, sondern sogleich ansetzen (vgl. (1) Abschnitt 7.1):

$$R \cdot i + L \cdot i' + \frac{1}{C} \cdot \int i\,dt + u(0) = 0.$$

Mit Tabelle 4:

$$R \cdot i + L \cdot (p \cdot i - i(0)) + \frac{1}{p \cdot C} \cdot i + \frac{u(0)}{p} = 0. \tag{8}$$

Das ergibt für $i(0) = 0$ die Lösung im Spektralbereich

$$i = \frac{-U_0}{L \cdot (p^2 + 2 \cdot \vartheta \cdot p + \omega_0^2)}. \tag{9}$$

Woraus mit Tabelle 3, Nr. 5 folgt:

$$i = -\frac{U_0}{\omega \cdot L} \cdot e^{-\vartheta \cdot t} \cdot \sin \omega t. \tag{10}$$

Der Leser versuche, dies aus (10) in Abschnitt 7.1.1 ebenfalls herzuleiten.

## 8.3 Schalten einer RLC-Parallelschaltung

Das Schaltbild ist im Abschnitt 7.2 gezeigt.

### 8.3.1 Einschaltvorgang

Man berechnet für die gesuchte Ausgangsgröße zunächst die Übertragungsfunktion wie im stationären Fall. Sucht man $i_L$, so gilt

$$i_L = \frac{u_2}{p \cdot L} = u_1 \cdot \frac{p \cdot L // \frac{1}{p \cdot C}}{p \cdot L \cdot \left(R + p \cdot L // \frac{1}{p \cdot C}\right)}$$

$$i_L = \frac{u_1}{R \cdot L \cdot C} \cdot \frac{1}{p^2 + 2 \cdot \vartheta \cdot p + \omega_0^2}; \quad 2 \cdot \vartheta = \frac{1}{R \cdot C}, \quad \omega_0^2 = \frac{1}{L \cdot C}. \tag{11}$$

Damit ist die Übertragungsfunktion ÜF bestimmt:

$$i_L = \text{ÜF} \cdot u_1.$$

#### 8.3.1.1 Gleichspannung

Man setzt in (11) gemäß Tabelle 2, Nr. 1 $u_1 = \frac{U_0}{p}$ ein und erhält damit bereits die Lösung im Spektralbereich:

$$i_L = \frac{U_0}{R \cdot L \cdot C} \cdot \frac{1}{p \cdot (p^2 + 2 \cdot \vartheta \cdot p + \omega_0^2)}. \tag{12}$$

Die Lösung hängt nun von den Zahlenwerten von $\omega_0$ und $\vartheta$ ab:

Für $\omega_0 > \vartheta$ (schwache Dämpfung) gilt Tabelle 3, Nr. 6a:

$$i_L = \frac{U_0}{R} \cdot \left[1 - e^{-\vartheta \cdot t} \cdot \left(\cos \omega t + \frac{\vartheta}{\omega} \cdot \sin \omega t\right)\right]. \tag{13}$$

Für $\omega_0 < \vartheta$ (starke Dämpfung) gilt Tabelle 3, Nr. 6b:

$$i_L = \frac{U_0}{R} \cdot \left[1 - e^{-\vartheta \cdot t} \cdot \left(\cosh(D \cdot t) + \frac{\vartheta}{D} \cdot \sinh(D \cdot t)\right)\right]. \tag{14}$$

Für $\omega_0 = \vartheta$ (kritische Dämpfung) gilt Tabelle 3, Nr. 6c:

$$i_L = \frac{U_0}{R} \cdot [1 - (1 + \vartheta \cdot t) \cdot e^{-\vartheta \cdot t}]. \tag{15}$$

#### 8.3.1.2 Sinuswechselspannung

Es werde $u_1 = U \cdot \sin \omega_1 t$ eingeschaltet, wodurch aus (12) mit Tabelle 2, Nr. 4 folgt:

$$i_L = \frac{U \cdot \omega_1}{R \cdot L \cdot C} \cdot \frac{1}{(p^2 + \omega_1^2) \cdot (p^2 + 2 \cdot \vartheta \cdot p + \omega_0^2)}. \tag{16}$$

Die Rücktransformation dieser Lösung aus dem Spektralbereich erfolgt mit Tabelle 3, Nr. 10. Die Lösungen des Nennerpolynoms sind dabei

$$a = j\omega_1$$
$$b = -j\omega_1$$
$$c = -\vartheta + j\omega$$
$$d = -\vartheta - j\omega.$$

Dabei haben wir für c, d schwache Dämpfung angenommen. Bei starker Dämpfung wäre

$$c = -\vartheta + D$$
$$d = -\vartheta - D,$$

mit D wie in Tabelle 3, Nr. 5b.

Bei kritischer Dämpfung wäre

$$c = d = -\vartheta.$$

Tabelle 3, Nr. 10 ergibt also die Lösung:

$$i_L = \frac{U \cdot \omega_1}{2 \cdot j \cdot R \cdot L \cdot C} \cdot \left[ \frac{e^{j\omega_1 t}}{\omega_1 \cdot [(\omega_0^2 - \omega_1^2) + 2 \cdot j\omega_1 \cdot \vartheta]} - \frac{e^{-j\omega_1 t}}{\omega_1 \cdot [(\omega_0^2 - \omega_1^2) - 2 \cdot j\omega_1 \cdot \vartheta]} \right.$$

$$\left. + \frac{e^{-\vartheta \cdot t}}{\omega} \cdot \left( \frac{e^{j\omega t}}{(\omega_1^2 - \omega_0^2) + 2 \cdot \vartheta^2 - 2 \cdot j\omega \cdot \vartheta} - \frac{e^{-j\omega t}}{(\omega_1^2 - \omega_0^2) + 2 \cdot \vartheta^2 + 2 \cdot j\omega \cdot \vartheta} \right) \right]. \quad (17)$$

Der Leser erkennt, daß in (17) drei Frequenzen zu unterscheiden sind: Die Kennfrequenz $\omega_0$, die Resonanzfrequenz $\omega$ und die Erregerfrequenz $\omega_1$. Obwohl (17) bereits die Lösung im Zeitbereich darstellt, müssen wir sie umformen. Es muß ein reeller Ausdruck mit sinus und cosinus sich ergeben. Wir wenden auf (17) zweimal die Beziehung an

$$\frac{e^{jx}}{u + jv} - \frac{e^{-jx}}{u - jv} = 2 \cdot j \cdot \frac{u \cdot \sin x - v \cdot \cos x}{u^2 + v^2}.$$

Damit erhält man nach einiger Zwischenrechnung

$$i_L = \frac{U}{R \cdot L \cdot C} \cdot \frac{\Delta}{\Delta^2 + (2 \cdot \vartheta \cdot \omega_1)^2} \cdot \left[ \sin \omega_1 t - \frac{2 \cdot \omega_1 \cdot \vartheta}{\Delta} \cdot \cos \omega_1 t \right.$$

$$\left. + e^{-\vartheta \cdot t} \cdot \left( \frac{\omega_1}{\omega} \cdot \left( \frac{2 \cdot \vartheta^2}{\Delta} - 1 \right) \cdot \sin \omega t + \frac{2 \cdot \vartheta \cdot \omega_1}{\Delta} \cdot \cos \omega t \right) \right]. \quad (18)$$

Abkürzung $\Delta = \omega_0^2 - \omega_1^2$.

Man vergleiche mit (25) in Abschnitt 7.2.2.2.

Um den langen Ausdruck (18) zu kontrollieren, machen wir die Dimensionsprobe. Die rechte Seite hat, wie erwartet, die Dimension [A]. Für $t = 0$ erwarten wir aus elektrischen Gründen $i_L(0) = 0$. Auch dies wird von (18) erfüllt.

Eine weitere Prüfung von (18) kann man für $t \to \infty$ durchführen.

# 9 Die numerische Berechnung von Ausgleichsvorgängen mit zwei Energiespeichern

## 9.1 Das Polygonzugverfahren

### 9.1.1 Die mathematische Grundlage

Hat man in einer Schaltung zwei – oder mehr – Energiespeicher, so erhält man je Energiespeicher eine Dgl. erster Ordnung für die gesuchte Speicherzustandsfunktion. Der Unterschied, d.h. die Erweiterung zu Abschnitt 5 besteht darin, daß die „rechten Seiten" der Dgl. jetzt von allen gesuchten Speicherfunktionen y1, y2, ... abhängen. Dadurch ergibt sich ein gekoppeltes System von Dgl., das nach der gleichen Methode wie in Abschnitt 5 gelöst werden kann:

$$\begin{aligned} y_1'(t) &= g_1(t, y_1(t), y_2(t)) \\ y_2'(t) &= g_2(t, y_1(t), y_2(t)) \end{aligned} \tag{1}$$

mit den Anfangswerten

$$\begin{aligned} y_1(t_0) &= y_{10} \\ y_2(t_0) &= y_{20}. \end{aligned} \tag{2}$$

Das Polygonzugverfahren liefert entsprechend Abschnitt 5.1 für $t = t_1$ die Näherungswerte

$$\begin{aligned} y_{11} &= y_{10} + h \cdot g_1(t_0, y_{10}, y_{20}) \\ y_{21} &= y_{20} + h \cdot g_2(t_0, y_{10}, y_{20}). \end{aligned} \tag{3}$$

Als Beispiel betrachten wir die Reihenschaltung von R, L und C. Gemäß (1) aus Abschnitt 7.1 gilt:

$$\begin{aligned} u_1(t) &= u_R + L \cdot i' + u_C \\ i(t) &= C \cdot u_C'. \end{aligned}$$

Durch Umstellung erhalten wir das gekoppelte, für das Polygonzugverfahren passende, Differentialgleichungssystem

$$\begin{aligned} i' &= g_1(t, i, u_C) = (u_1(t) - R \cdot i - u_C)/L, \\ u_C' &= g_2(t, i, u_C) = i/C. \end{aligned} \tag{4}$$

Vergleicht man (4) mit (1), so ergibt sich die Zuordnung

$$\begin{aligned} y_1 &= i, \\ y_2 &= u_C. \end{aligned}$$

Die Anfangswerte von $y_1$ und von $y_2$ ergeben sich aus elektrotechnischen Überlegungen. Wie im Abschnitt 7.1.2.1 gilt für einen Einschaltvorgang:

$$y_1 = y_1(t_s) = i(t_s) = 0,$$

$$y_2 = y_2(t_s) = u_C(t_s) = 0.$$

### 9.1.2 Das Flußdiagramm

Wegen der geringen Genauigkeit des Polygonzugverfahrens arbeiten wir auch jetzt wieder mit dem Druckzähler und erhalten in Analogie zu Abschnitt 5.1.2 das Flußdiagramm:

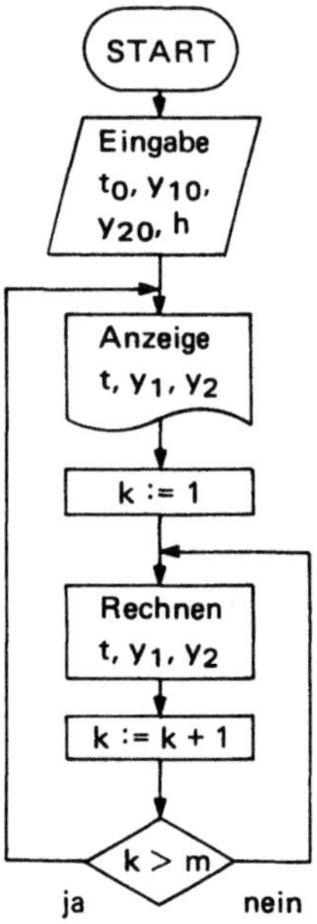


Eingabe: Schrittweite: h
Anfangswerte: $t_0$, $y_{10}$, $y_{20}$

Anzeige (Druck) von t, $y_1$, $y_2$, alle m Schritte

Zählindex setzen

Neue Werte nach Polygonzugverfahren (3) berechnen:

$y_1 + h \cdot g_1(t, y_1, y_2) \rightarrow y_1$
$y_2 + h \cdot g_2(t, y_1, y_2) \rightarrow y_2$
$t + h \rightarrow t$

Zählindex ändern

Zählindex testen

### 9.1.3 Das BASIC-Programm

#### 9.1.3.1 Die tabellarische Ausgabe der Lösungswerte

Das zum Flußdiagramm gehörende BASIC-Programm umfaßt gerade 16 Zeilen und ist aufgebaut wie das Programm für die Differentialgleichung 1. Ordnung in Abschnitt 5.1.3. Statt jedoch die Rechnung abzubrechen, wenn t den Endwert-von-t überschreitet, führen wir hier die Variante vor, die die Anzahl n der zur Ausgabe kommenden Wertepaare abzählt. Im Flußdiagramm ist dieser Zählvorgang nicht dokumentiert.

Wir zeigen das Verfahren für die RLC-Reihenschaltung.

```
100 PAGE
110 PRINT "RLC-Reihenschaltung; Dgl. 2. Ordn.; Sprungspg."
120 INPUT "L/H=",L,"C/F=",C,"R/O=",R,"Start bei ts=",T,
 "i(ts)=",Y1,"uc(ts)=",Y2,"U(ts)=",U,"Schrittweite h=",H,
 "Wertepaare n=",A,"Druck nach m Schritten, m=",M
130 LET N=1
140 PRINT "t/s = ";T;TAB(12);"i/mA = ";
 INT(Y1*1000000)/1000;TAB(36);"uc/V = ";INT(Y2*10000)/10000
150 LET N=N+1
160 IF N)A THEN GOTO 260
170 FOR K = 1 TO M
180 LET G1=(U-R*Y1-Y2)/L
190 LET G2=Y1/C
200 LET T=T+H
210 LET Y1=Y1+H*G1
220 LET Y2=Y2+H*G2
230 NEXT K
240 GOTO 140
260 END
```

Die Differentialgleichung findet sich in den Zeilen 180 und 190 gemäß (4). Die Anfangswerte für den Startzeitpunkt $t_s$ sind $i(t_s)$ und $u(t_s)$, eingearbeitet in die Input-Zeile 120. Die Werte der Bauelemente R, L und C werden in den Dimensionen Ohm, Henry und Farad eingegeben.

Als Beispiel wählen wir die Kombination R = 51 Ohm, L = 25 H und C = 0,001 F. Das Störglied sei die zum Zeitpunkt $t_s = 0$ eingeschaltete Gleichspannung $u_1(t) = U(t_s) = 1$ V.

Den Ausdruck eines Programmlaufes finden wir am Ende dieses Abschnitts. Man sieht, daß sowohl i als auch u ausgedruckt wurden, da sie beide simultan berechnet wurden.

Der geschlossene Ausdruck der Lösung wurde in 7.1.2.1 abgeleitet. Vergleicht man die exakten Werte mit denen des Polygonzugverfahrens für h = 0.001, so findet man Fehler in der Größenordnung von immerhin 5 %. Man sollte also h klein halten oder mit dem Runge-Kutta-Verfahren arbeiten.

#### 9.1.3.2 Die grafische Darstellung der Lösungskurven

Das BASIC-Programm für die grafische Darstellung umfaßt zunächst, wie in Abschnitt 5.1.3.2, die Zeilen 100–230 für das Zeichnen des Koordinatensystems. Das nachfolgende eigentliche Zeichenprogramm umfaßt 16 Zeilen.

```
100 REM 110 - 230: Zeichnen des Kordinatensystems
110 GRAPH ON
120 MOVE (30,0,7)
130 MOVE (230,0,3)
140 MOVE (230,0)
150 MOVE (230,100)
160 MOVE (30,100)
170 MOVE (30,0)
180 MOVE (130,0,7)
190 MOVE (130,100,3)
```

```
200 MOVE (30,50,7)
210 MOVE (230,50,3)
220 MOVE (30,0,7)
230 PAGE
240 REM Zeichnen der Lösung der Dgl.
250 PRINT "RLC-Reihenschaltung; Dgl. 2. Ordn.; Sprungspg."
260 INPUT "L/H=",L,"C/F=",C,"R/O=",R,"U/V=",U,"ts=",
    T,"i=";Y1,"uc=",Y2,"h=",H,"n=",A
270 LET I=U/SQR(L/C)
280 PRINT @(15,40);"î/mA=";INT(I*1000000)/1000
290 LET N=1
300 MOVE (100*T+30,50*(Y1/I)+50,1)
310 MOVE (100*T+30,50*Y2,7)
320 MOVE (100*T+30,50*Y2,3)
330 MOVE (100*T+30,50*(Y1/I)+50,7)
340 LET N=N+1
350 LET G1=(U-R*Y1-Y2)/L
360 LET G2=Y1/C
370 LET T=T+H
380 LET Y1=Y1+H*G1
390 LET Y2=Y2+H*G2
400 IF N<=A THEN GOTO 300
410 END
```

Die Differentialgleichung findet man in den Zeilen 350, 360, 380 und 390.

Die Zeichenvorschrift für den Strom i befindet sich in Zeile 300, die für u in Zeile 320.

Hier bedarf eine Besonderheit der Erwähnung:

Um den erwarteten Strom i an unser Koordinatensystem anzupassen, muß er

- um die halbe Bildbreite nach oben verschoben und
- geeignet normiert werden.

Für die Normierung berechnet man den Wert $i(0)$ aus (14a) in Abschnitt 7.1.2.1 zu

$$I \cong U/Z \quad \text{mit} \quad Z = \sqrt{L/C}.$$

Dies geschieht in Zeile 270 unseres Programms.

Dieser Wert I wird in das Diagramm mit abgedruckt (Zeile 280). Durch diesen Wert wird dann das errechnete $i(t)$ jeweils dividiert (Zeile 300).

Das resultierende Diagramm findet der Leser für dieselben Parameter wie zuvor am Ende dieses Abschnitts.

Reizvoll ist es, mehrere gleichartige Kurven mit sich ändernden Parametern in dasselbe Diagramm einzuzeichnen. Dies haben wir im letzten Bild dieses Abschnitts für verschiedene Werte der Dämpfung $\vartheta = R/2L$ durchgeführt.

```
RLC-Reihenschaltung; Dgl. 2. Ordn.; Sprungspg.
L/H=?25
C/F=?0.001
R/O=?51
Start bei ts=?0
i(ts)=?0
uc(ts)=?0
U(ts)=?1
Schrittweite h=?0.001
Wertepaare n=?5
Druck nach m Schritten, m=?200
t/s = 0     i/mA = 0           uc/V = 0
t/s = 0.2   i/mA = 4.977       uc/V = 0.6146
t/s = 0.4   i/mA = 2.572       uc/V = 1.4708
t/s = 0.6   i/mA = -2.006      uc/V = 1.5015
t/s = 0.8   i/mA = -2.761      uc/V = 0.9437
READY
```

```
RLC-Reihenschaltung; Dgl. 2. Ordn.; Sprungspg.

L/H=?25

C/F=?0.001

R/O=?51

U/V=?1

ts=?0

i=?0

uc=?0

h=?.01

n=?200

        READY
```

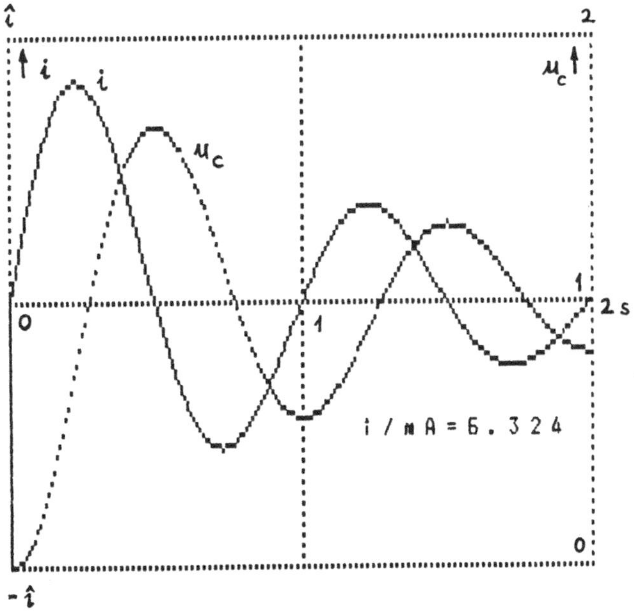

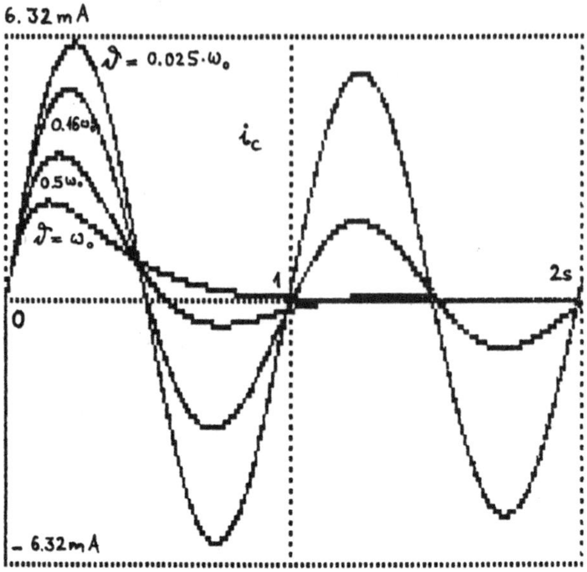


### 9.1.4 Das Pascal-Programm

Auch das Pascal-Programm bauen wir genau so einfach auf wie im Abschnitt 5.1.4. Für Y und G benötigen wir jetzt aber jeweils zwei Variable $Y_1$ und $Y_2$ bzw. $G_1$ und $G_2$.

```
program POLYGON2 ( input,output );
var     T,Y1,Y2,TENDE,H,G1,G2 : real;
        L,C,R,U : real;
        K,M : integer;
        ENDE : boolean;

begin
writeln('RLC-Reihenschaltung; Dgl. 2. Ordn.; Sprungspg.');
writeln('Parameter:  L/H   C/F   R/Ohm ');
read( L , C , R );
write('Start bei t=');
read(T);
writeln('Anfangswerte: i(t)    uc(t)    U(t) ');
read( Y1 , Y2 , U );
write('Endwert von t=');
read(TENDE);
write('Schrittweite h=');
read(H);
write('Druck nach m Schritten, m=');
read(M);
ENDE := false;
repeat
   writeln(' t/s = ', T:10:3, ',    i/mA = ', Y1*1000:10:3,
                              ',    uc/V = ', Y2:10:4);
   if  T < TENDE
     then for  K := 1 to M do
```

```
            begin
            G1 := ( U - R*Y1 - Y2 ) / L ;
            G2 := Y1 / C  ;
            T := T + H;
            Y1 := Y1 + H * G1;
            Y2 := Y2 + H * G2
            end
      else ENDE := true
until ENDE
end.
```

Sinnvoll ist die Benutzung der Unterprogrammtechnik wie in Abschnitt 6.1.1. G wird dann Name der Prozedur und die Funktionswerte werden mit $Z_1$ und $Z_2$ bezeichnet.

Zum Vergleich zeigen wir nachfolgend auch diese Version.

```
program POLYGON2 ( input,output );
var     T,Y1,Y2,TENDE,H,Z1,Z2 : real;
        L,C,R,U : real;
        K,M : integer;
        ENDE : boolean;

procedure G(T:real; Y1,Y2:real; var Z1,Z2:real);
begin
            Z1 := ( U - R*Y1 - Y2 ) / L ;
            Z2 := Y1 / C
end;

begin
writeln('RLC-Reihenschaltung; Dgl. 2. Ordn.; Sprungspg.');
writeln('Parameter:  L/H   C/F   R/Ohm ');
read( L , C , R );
write('Start bei t=');
read(T);
writeln('Anfangswerte: i(t)   uc(t)   U(t) ');
read( Y1 , Y2 , U );
write('Endwert von t=');
read(TENDE);
write('Schrittweite h=');
read(H);
write('Druck nach m Schritten, m=');
read(M);
ENDE := false;
repeat
   writeln(' t/s = ', T:10:3, ',    i/mA = ', Y1*1000:10:3,
                              ',    uc/V = ', Y2:10:4);
   if  T < TENDE
     then for  K := 1 to M do
            begin
            G ( T , Y1 , Y2 , Z1 , Z2 );
            T := T + H;
            Y1 := Y1 + H * Z1;
            Y2 := Y2 + H * Z2
            end
      else ENDE := true
until ENDE
end.
```

## 9.2 Das Runge-Kutta-Verfahren

### 9.2.1 Einführung

Bezüglich der Begründung für die Anwendung des höhere Genauigkeit erzielenden Runge-Kutta-Verfahrens sowie des mathematischen Hintergrundes verweisen wir auf Abschnitt 5.2.1. Das für ein System von 2 (oder mehr) Differentialgleichungen notwendige Rechenschema entspricht genau dem dort angegebenen, wenn man folgendes berücksichtigt:

Die Variablen y und w sowie die Funktion g, die dort je einmal auftreten, werden jetzt 2- (oder mehr-) fach genötigt.

Je Schritt (1 bis 4) werden simultan zwei y-Werte $Y_1$ und $Y_2$, zwei Funktionswerte $Z_1 = g_1(t, y_1, y_2)$ und $Z_2 = g_2(t, y_1, y_2)$ sowie zwei w-Werte berechnet.

Wie beim Pascal-Programm Abschnitt 5.2.3 berechnen wir die w-Werte schon in den Schritten 1 bis 4, um Speicherplätze zu sparen. Im Schritt 5 sind dann noch zwei y-Werte zu erzeugen.

| | t | $y_1$ | $y_2$ | $g_1$ | $g_2$ | $w_1$ | $w_2$ |
|---|---|---|---|---|---|---|---|
| 1 | $t_0$ | $y_{10}$ | $y_{20}$ | $g_{11}$ | $g_{21}$ | $(g_{11}$ | $(g_{21}$ |
| 2 | $t_0 + h/2$ | $y_{10} + g_{11} \cdot h/2$ | $y_{20} + g_{21} \cdot h/2$ | $g_{12}$ | $g_{22}$ | $+ 2 \cdot g_{12}$ | $+ 2 \cdot g_{22}$ |
| 3 | $t_0 + h/2$ | $y_{10} + g_{12} \cdot h/2$ | $y_{20} + g_{22} \cdot h/2$ | $g_{13}$ | $g_{23}$ | $+ 2 \cdot g_{13}$ | $+ 2 \cdot g_{23}$ |
| 4 | $t_0 + h$ | $y_{10} + g_{13} \cdot h$ | $y_{20} + g_{23} \cdot h$ | $g_{14}$ | $g_{24}$ | $+ g_{14})$ | $+ g_{24})$ |
| 5 | $t_0 + h$ | $y_{10} + w_1 \cdot h/6$ | $y_{20} + w_2 \cdot h/6$ | | | | |

Ein Vergleich der Rechenwerte zeigt wieder die Überlegenheit des Ru-Ku-Verfahrens.

Die RLC-Reihenschaltung von Abschnitt 9.1.3 mit L/H = 25, C/F = 0.001 und R/Ohm = 51 liefert folgende Werte:

| t | h | $y_1(t)$ | $y_2(t)$ | Aufwand | Bemerkungen |
|---|---|---|---|---|---|
| 0.2 | 0.001 | 4.977 | 0.6146 | 200 | Polygonzug |
| 0.2 | 0.100 | 4.956 | 0.6137 | 8 | Runge-Kutta |
| 0.2 | 0.050 | 4.957 | 0.6151 | 16 | Runge-Kutta |
| 0.2 | – | 4.957 | 0.6151 | – | exakt |

Die Ru-Ku-Rechnung mit h = 0.1 liefert eine zum Polygonzug vergleichbare Genauigkeit, d.h. $y_1$ ist wesentlich genauer, $y_2$ etwas ungenauer, benötigt aber, wenn man die Anzahl der Berechnungen der „rechten Seiten" als Aufwand betrachtet, nur ca. 4 % der Rechenzeit. Halbiert man die Schrittweite auf h = 0.05, so stimmen die Ru-Ku-Werte bereits auf 3 Dezimalstellen nach dem Komma mit denen der exakten Rechnung überein, und dies bei nur 8 % des Aufwandes gegenüber dem Polygonzugverfahren. Wir benutzen im folgenden daher das Runge-Kutta-Verfahren.

### 9.2.2 Das BASIC-Programm

Da die BASIC-Sprache für Variablennamen nur einzelne Buchstaben oder die Kombination von Buchstabe und Ziffer zuläßt und beim Unterprogrammaufruf keine automatische Übergabe der Parameterwerte kennt, müssen wir uns wieder wie in Abschnitt 5.2.2 behelfen. Für die Anfangswerte $y_{10}$ und $y_{20}$, die während der Rechnung mehrfach benötigt werden, wählen wir die Variablennamen $Y_1$ und $Y_2$, während wir die jeweils aktuellen Parameter für die Berechnung der „rechten Seite" der Dgl. wie im Abschnitt 5.2.2 mit X, hier also $X_1$ und $X_2$ bezeichnen.

Da wir die w-Werte simultan berechnen, benötigen wir nicht mehr die vier Werte $G_1$, $G_2$, $G_3$ und $G_4$, deren Index sich auf die Nummer der Schritte bezog. Die Variablen $G_1$ und $G_2$ können wir daher mit anderer Bedeutung einsetzen; der Index bezieht sich jetzt auf die Nummer der Dgl.

```
100 REM Rungekutta2
110 PAGE
120 PRINT "RLC-Reihenschaltung; Dgl. 2. Ordn.; Sprungspg."
130 INPUT "L/H=",L,"C/F=",C,"R/O=",R,"Start bei ts=",T
140 INPUT "i(ts)=",Y1,"uc(ts)=",Y2,"U(ts)=",U
150 INPUT "Schrittweite h=",H,"Wertepaare n=",A
160 REM                Hauptprogramm
170 LET N=1
180 PRINT "t/s = ";T;TAB(12);"i/mA = ";
    INT(Y1*1000000)/1000;TAB(36);"uc/V = ";INT(Y2*10000)/10000
190 LET N=N+1
200 IF N>A THEN GOTO 530
210 REM                1. Schritt
220 LET X1=Y1
230 LET X2=Y2
240 GOSUB 490
250 LET W1=G1
260 LET W2=G2
270 REM                2. Schritt
280 LET X1=Y1+G1*H/2
290 LET X2=Y2+G2*H/2
300 LET T=T+H/2
310 GOSUB 490
320 LET W1=W1+G1*2
330 LET W2=W2+G2*2
340 REM                3. Schritt
350 LET X1=Y1+G1*H/2
360 LET X2=Y2+G2*H/2
370 GOSUB 490
380 LET W1=W1+G1*2
390 LET W2=W2+G2*2
400 REM                4. Schritt
410 LET X1=Y1+G1*H
420 LET X2=Y2+G2*H
430 LET T=T+H/2
440 GOSUB 490
450 REM                5. Schritt
460 LET Y1=Y1+(W1+G1)*H/6
```

```
470 LET Y2=Y2+(W2+G2)*H/6
480 GOTO 180
490 REM        rechte Seite der DGL;  G1(T,X1,X2) , G2(T,X1,X2)
500 LET G1=(U-R*X1-X2)/L
510 LET G2=X1/C
520 RETURN
530 END
```

```
RLC-Reihenschaltung; Dgl. 2. Ordn.; Sprungspg.
L/H=?25
C/F=?0.001
R/O=?51
Start bei ts=?0
i(ts)=?0
uc(ts)=?0
U(ts)=?1.0
Schrittweite h=?0.05
Wertepaare n=?5
t/s = 0          i/mA = 0          uc/V = 0
t/s = 5 E-002    i/mA = 1.869      uc/V = 4.79 E-002
t/s = 0.1        i/mA = 3.381      uc/V = 0.1809
t/s = 0.15       i/mA = 4.428      uc/V = 0.3782
t/s = 0.2        i/mA = 4.956      uc/V = 0.6151
READY
```

### 9.2.3 Das Pascal-Programm

Wir ändern das Programm von Abschnitt 5.2.3 nach dem zuvor Gesagten nur in den Teilen ab, in denen YN, Y oder W berechnet werden. Außerdem treten in der procedure-Vereinbarung die Parameter Y und Z je zweimal auf.

```
program RUNGEKUTTA2 ( input,output );
var     T,Y1,Y2,TENDE,H,YN1,YN2,Z1,Z2,W1,W2  : real;
        ENDE : boolean;
        L,C,R,U : real;

procedure G(T:real; Y1,Y2:real; var Z1,Z2:real);
begin
           Z1 := ( U - R*Y1 - Y2 ) / L ;
           Z2 := Y1 / C
end;

begin
writeln('RLC-Reihenschaltung; Dgl. 2. Ordn.; Sprungspg.');
writeln('Parameter:  L/H   C/F   R/Ohm ');
read( L , C , R );
write('Start bei t=');
read(T);
writeln('Anfangswerte: i(t)   uc(t)   U(t) ');
read( Y1 , Y2 , U );
```

```
write('Endwert von t=');
read(TENDE);
write('Schrittweite h=');
read(H);
ENDE := false;
repeat
   writeln(' t/s = ', T:10:3, ',    i/mA = ', Y1*1000:10:3,
                               ',    uc/V = ', Y2:10:4);
   if  T < TENDE
     then begin
          G ( T , Y1 , Y2 , W1 , W2 );
          T := T + H / 2;
          YN1 := Y1 + H * W1 / 2;
          YN2 := Y2 + H * W2 / 2;
          G ( T , YN1 , YN2 , Z1 , Z2 );
          W1 := W1 + Z1 * 2;
          W2 := W2 + Z2 * 2;
          YN1 := Y1 + H * Z1 / 2;
          YN2 := Y2 + H * Z2 / 2;
          G ( T , YN1 , YN2 , Z1 , Z2 );
          T := T + H / 2;
          W1 := W1 + Z1 * 2;
          W2 := W2 + Z2 * 2;
          YN1 := Y1 + H * Z1;
          YN2 := Y2 + H * Z2;
          G ( T , YN1 , YN2 , Z1 , Z2 );
          Y1 := Y1 + H * ( W1 + Z1 ) / 6;
          Y2 := Y2 + H * ( W2 + Z2 ) / 6
          end
     else ENDE := true
until ENDE
end.
```

# 10 Numerische Berechnungsbeispiele von Schaltungen mit zwei Energiespeichern

## 10.1 RCRC-Schaltungen

### 10.1.1 Passive RCRC-Schaltung

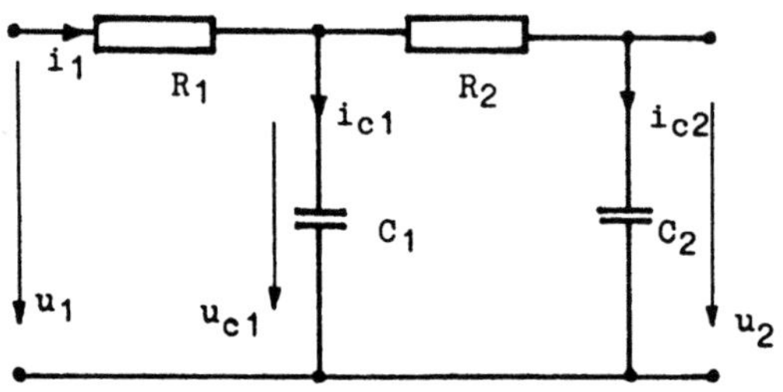


Gesucht sei der Strom $i_{c2}(t)$.

Die Schaltung wird durch folgende Gleichungen beschrieben:

$$i_1 \cdot R_1 + u_{c1} - u_1 = 0, \tag{1}$$

$$i_{c2} \cdot R_2 + u_{c2} - u_{c1} = 0, \tag{2}$$

$$i_1 - i_{c1} - i_{c2} = 0, \tag{3}$$

$$i_{c1} = C_1 \cdot u'_{c1}, \tag{4}$$

$$i_{c2} = C_2 \cdot u'_{c2}. \tag{5}$$

Die beiden Differentiale, nach denen wir den Gleichungssatz auflösen, sind $u'_{c1}$ und $u'_{c2}$:

$$u'_{c1} = ((u_1 - u_{c1})/R_1 - (u_{c1} - u_{c2})/R_2)/C_1,$$

bzw.

$$Y'_1 = ((u_1 - Y_1)/R_1 - (Y_1 - Y_2)/R_2)/C_1, \tag{6}$$

$$= G_1(T, Y_1, Y_2),$$

und

$$u'_{c2} = (u_{c1} - u_{c2})/(R_2 \cdot C_2),$$

bzw.

$$Y'_2 = (Y_1 - Y_2)/(R_2 \cdot C_2), \tag{7}$$

$$= G_2(T, Y_1, Y_2).$$

Das gesuchte $i_{c2}(t)$ ergibt sich aus (2).

Das BASIC-Programm für das Runge-Kutta-Verfahren entsteht durch Abänderung der PRINT- und INPUT-Anweisungen sowie der eigentlichen Funktionsberechnung aus dem Programm von Abschnitt 5.2.2:

```
100 REM Rungekutta2
110 PAGE
120 PRINT "RCRC-Reihenschaltung; Dgl. 2. Ordn.; Sprungspg."
130 INPUT "C1/F=",C1,"C2/F=",C2,"R1/Ohm=",R1,"R2/Ohm=",R2
140 INPUT "U/V=",U,"Start bei ts=",T,"uc1(ts)=",Y1,"uc2=",Y2
150 INPUT "Schrittweite h=",H,"Wertepaare n=",A
160 REM                Hauptprogramm
170 LET N=1
180 PRINT "t/ms = ";INT(T*100000)/100;TAB(12);"i2/mA = ";
    INT(((Y1-Y2)/R2)*1000000)/1000;TAB(29);"uc1/V=";
    INT(Y1*1000)/1000;TAB(46);"uc2/V=";INT(Y2*1000)/1000
190 LET N=N+1
200 IF N>A THEN GOTO 530
210 REM                1. Schritt
220 LET X1=Y1
230 LET X2=Y2
240 GOSUB 490
250 LET W1=G1
260 LET W2=G2
270 REM                2. Schritt
280 LET X1=Y1+G1*H/2
290 LET X2=Y2+G2*H/2
300 LET T=T+H/2
310 GOSUB 490
320 LET W1=W1+G1*2
330 LET W2=W2+G2*2
340 REM                3. Schritt
350 LET X1=Y1+G1*H/2
360 LET X2=Y2+G2*H/2
370 GOSUB 490
380 LET W1=W1+G1*2
390 LET W2=W2+G2*2
400 REM                4. Schritt
410 LET X1=Y1+G1*H
420 LET X2=Y2+G2*H
430 LET T=T+H/2
440 GOSUB 490
450 REM                5. Schritt
460 LET Y1=Y1+(W1+G1)*H/6
470 LET Y2=Y2+(W2+G2)*H/6
480 GOTO 180
490 REM          rechte Seite der DGL;  G1(T,X1,X2) , G2(T,X1,X2)
500 LET G1=(U-X1)/(R1*C1)-(X1-X2)/(R2*C1)
510 LET G2=(X1-X2)/(R2*C2)
520 RETURN
530 END
```

Der für unsere Aufgabe spezifische Ausdruck $G_1(T, Y_1, Y_2)$ nach (6) erscheint in Zeile 500, der Ausdruck $G_2(T, Y_1, Y_2)$ nach (7) in Zeile 510. Die gesuchte Größe $i_{c2}$ nach (2) ist in die Print-Zeile 180 eingearbeitet:

$$\mathrm{INT}(((Y_1 - Y_2)/R_2) \cdot 100000)/1000.$$

Dieser Ausdruck sorgt zum einen dafür, daß nur 3 Stellen hinter dem Komma ausgedruckt werden und zum anderen, daß $i_{c2}$ in mA erscheint.

Das Protokoll einer Rechnung findet sich am Ende dieses Abschnitts.

Um die so gewonnenen Rechenwerte mit den exakten Werten vergleichen und damit den Fehler der Näherung abschätzen zu können, ist die geschlossene Lösung der folgenden, aus (1) bis (5) sich ergebenden Differentialgleichung 2. Ordnung erforderlich:

$$u''_{c2} + 2 \cdot \vartheta \cdot u'_{c2} + \omega_0^2 \cdot u_{c2} = u_1 \cdot \omega_0^2.$$

Dabei ist: $2 \cdot \vartheta = (R_1 \cdot C_1 + R_1 \cdot C_2 + R_2 \cdot C_2)/(R_1 \cdot C_1 \cdot R_2 \cdot C_2),$

$$\omega_0^2 = 1/(R_1 \cdot C_1 \cdot R_2 \cdot C_2).$$

Diese Differentialgleichung entspricht (2) in Abschnitt 7.1 und wird wie in Abschnitt 7.1.2.1 gezeigt gelöst. Es ergibt sich für das Einschalten von $U_0$:

$$i = (U_0 \cdot C_2 \cdot \omega_0^2)/D \cdot e^{-\vartheta \cdot t} \cdot \sinh(D \cdot t),$$

mit

$$D = \sqrt{\vartheta^2 - \omega_0^2}.$$

Daraus berechnet man z.B. $i_{c2}(0{,}2\ \mathrm{ms}) = 50{,}66$ mA. Dieser Wert ist nur um 0,1 % größer als der entsprechende Näherungswert (bei $h = 5 \cdot 10^{-5}$).

```
RCRC-Reihenschaltung; Dgl. 2. Ordn.; Sprungspg.
C1/F=?2E-6
C2/F=?5E-6
R1/Ohm=?50
R2/Ohm=?100
U/V=?10
Start bei ts=?1E-9
uc1(ts)=?0
uc2=?0
Schrittweite h=?5E-5
Wertepaare n=?5
t/ms = 0         i2/mA = 0         uc1/V=0         uc2/V=0
t/ms = 5 E-002   i2/mA = 33.251    uc1/V=3.518     uc2/V=0.193
t/ms = 0.1       i2/mA = 46.422    uc1/V=5.245     uc2/V=0.603
t/ms = 0.15      i2/mA = 50.528    uc1/V=6.146     uc2/V=1.093
t/ms = 0.2       i2/mA = 50.603    uc1/V=6.662     uc2/V=1.602
READY
```

Besonders reizvoll ist wieder die grafische Darstellung der Lösung. Das eigentliche Zeichenprogramm für das Polygonzugverfahren umfaßt 13 Zeilen:

```
110-240 Zeichnen des Koordinatensystems (vgl. 9.3.1.2)
250 REM Zeichnen der Lösung der Dgl.
260 PRINT "RCRC-Reihenschaltung; Dgl. 2. Ordn.; Sprungspg."
270 INPUT "C1/F=",C1,"C2/F=",C2,"R1=",R1,"R2=",R2,
          "U/V=",U,"ts=",T, "uc1=",Y1,"uc2=",Y2,"h=",H,"n=",A
280 LET I=U/(R1+R2)
290 PRINT @(17,35);"î/A=",I
300 LET N=1
310 MOVE (100*(T*1000)+30,50*((Y1-Y2)/R2)/I+50,1)
320 LET N=N+1
330 LET G1=(U-Y1)/(R1*C1)-(Y1-Y2)/(R2*C1)
340 LET G2=(Y1-Y2)/(R2*C2)
350 LET T=T+H
360 LET Y1=Y1+H*G1
370 LET Y2=Y2+H*G2
380 IF N<=A THEN GOTO 310
390 END
```

Die Beziehungen (6) und (7) sind in den Zeilen 330 und 340 zu finden, während die Beziehung (2) in die MOVE-Zeile eingearbeitet ist.

Die sich ergebenden Werte des Stromes normieren wir auf einen Maximalwert

$$I = U/(R_1 + R_2),$$

was in Zeile 280 und 310 bewerkstelligt wird.

Für den Zeitmaßstab betrachten wir die Zeitkonstanten RC. Sie betragen bei unserem Beispiel 0,1 bzw. 0,5 ms, so daß wir als Zeiteinheit versuchsweise 1 ms wählen (Zeile 310: $T \cdot 1000$).

Die dargestellte Zeitspanne erstreckt sich dann bis

$$t_{max} = n \cdot h = 2 \text{ ms}.$$

Das Bild der Lösung ist nachfolgend dargestellt.

```
RCRC-Reihenschaltung; Dgl. 2. Ordn.; Sprungspg.
C1/F=?2E-6
C2/F=?5E-6
R1=?50
R2=?100
U/V=?10
ts=?0
uc1=?0
uc2=?0
h=?2E-5
n=?100

READY
```

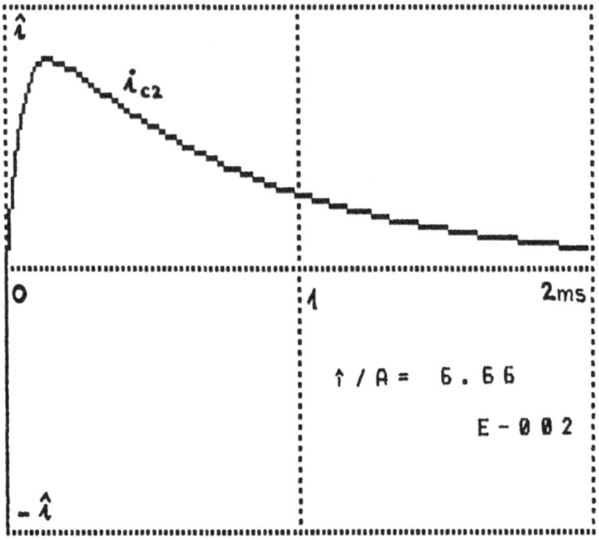


Das Pascal-Programm wird mit entsprechenden Änderungen aus dem Programm von Abschnitt 9.2.3 entwickelt.

```
program RUNGEKUTTA2 ( input,output );
var     T,Y1,Y2,TENDE,H,YN1,YN2,Z1,Z2,W1,W2   : real;
        ENDE : boolean;
        C1,C2,R1,R2,U : real;

procedure G(T:real; Y1,Y2:real; var Z1,Z2:real);
begin
          Z1 := ( U - Y1 )/( R1 * C1 )-( Y1 - Y2 )/( R2 * C1 ) ;
          Z2 := ( Y1 - Y2 )/( R2 * C2 )
end;

begin
writeln('RCRC-Reihenschaltung; Dgl. 2. Ordn.; Sprungspg.');
writeln('Parameter:  C1/F    C2/F     R1/Ohm     R2/Ohm     U/V ');
read( C1 , C2 , R1 , R2 , U );
write('Start bei t=');
read(T);
writeln('Anfangswerte: uc1(t)     uc2(t)   ');
read( Y1 , Y2 );
write('Endwert von t=');
```

```
read(TENDE);
write('Schrittweite h=');
read(H);
ENDE := false;
repeat
   writeln(' t/ms=', T*1000: 5:3,
         ', i2/mA=',(Y1-Y2)/R2*1000: 7:3,
         ', uc1/V=',Y1: 8:3,', uc2/V=',Y2: 7:3);
   if  T < TENDE
     then begin
          G ( T , Y1 , Y2 , W1 , W2 );
          T := T + H / 2;
          YN1 := Y1 + H * W1 / 2;
          YN2 := Y2 + H * W2 / 2;
          G ( T , YN1 , YN2 , Z1 , Z2 );
          W1 := W1 + Z1 * 2;
          W2 := W2 + Z2 * 2;
          YN1 := Y1 + H * Z1 / 2;
          YN2 := Y2 + H * Z2 / 2;
          G ( T , YN1 , YN2 , Z1 , Z2 );
          T := T + H / 2;
          W1 := W1 + Z1 * 2;
          W2 := W2 + Z2 * 2;
          YN1 := Y1 + H * Z1;
          YN2 := Y2 + H * Z2;
          G ( T , YN1 , YN2 , Z1 , Z2 );
          Y1 := Y1 + H * ( W1 + Z1 ) / 6;
          Y2 := Y2 + H * ( W2 + Z2 ) / 6
          end
     else ENDE := true
until ENDE
end.
```

### 10.1.2 Aktiver Tiefpass

Für einen aktiven Tiefpass benutzen wir die Schaltung

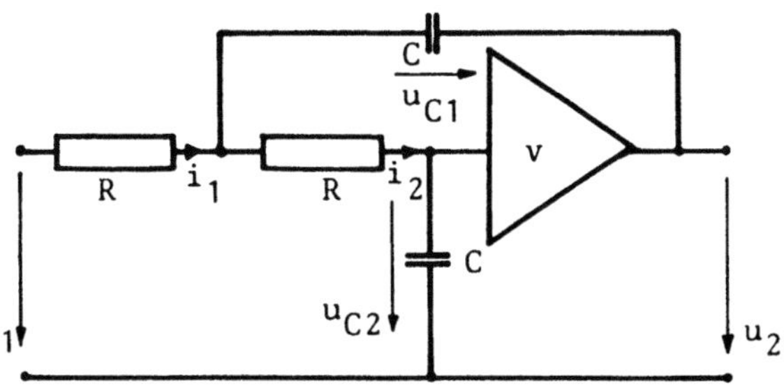

mit den Beziehungen

$$
\begin{aligned}
u_1 &= i_1 \cdot R + i_2 \cdot R + u_{C2} \\
u_1 &= i_1 \cdot R + u_{C1} + u_2 \\
u_2 &= v \cdot u_{C2} \\
C \cdot u'_{C1} &= i_1 - i_2 \\
C \cdot u'_{C2} &= i_2 .
\end{aligned} \tag{1}
$$

Durch Umformung erhalten wir das Dgl.-System

$$
\begin{aligned}
& w := 1/(R \cdot C) \\
& ALF := R \cdot i_2 := u_{C1} + u_{C2} \cdot (v-1) \\
& BET := R \cdot (i_1 - i_2) := u_1(t) - u_{C2} - 2 \cdot ALF \\
& u'_{C1} = g1(t, u_{C1}, u_{C2}) := w \cdot BET \\
& u'_{C2} = g2(t, u_{C1}, u_{C2}) := w \cdot ALF
\end{aligned} \tag{2}
$$

und können das Programm von Abschnitt 9 mit der Zuordnung

$$y_1 = u_{C1},\ y_2 = u_{C2}$$

anwenden.

Da uns insbesondere das Verhältnis

$$a = u_2(t)/u_1(t) \tag{3}$$

interessiert, sehen wir einen Ausdruck dieses Wertes vor.

Für die Rechnung benötigen wir zwei Parameter

Verstärkungsfaktor $v$

Zeitkonstante $w = 1/(R \cdot C)$

Das BASIC-Programm für das Runge-Kutta-Verfahren unterscheidet sich nur bei der Eingabe und Ausgabe sowie den eigentlichen Rechenformeln von dem in Abschnitt 10.1.1.

Wir wählen zunächst für die Störfunktion den Einheitssprung. Die Programmierung dieser Störfunktion erfolgt in getrenntem Unterprogramm, um die Änderung auf eine andere Störfunktion leichter durchführen zu können.

```
100 REM Rungekutta2
110 PAGE
120 PRINT "RCRC-Aktiver Tiefpass; Dgl. 2. Ordn.; Sprungspg."
130 INPUT "Verstaerkungsfaktor=",V,"Zeitkonstante=",W
140 INPUT "Start bei ts=",T,"uc1(ts)=",Y1,"uc2(ts)=",Y2
150 INPUT "Schrittweite h=",H,"Wertepaare n=",A
160 REM                 Hauptprogramm
170 LET N=1
180 GOSUB 570
190 PRINT "t/ms = ";INT(T*1000000)/1000;TAB(15);
    "uc1/V=";INT(Y1*10000)/10000;TAB(32);"uc2/V=";
    INT(Y2*10000)/10000;TAB(49);"A=";INT(V*Y2/U1*10000)/10000
200 LET N=N+1
210 IF N>A THEN GOTO 600
```

```
220 REM                1. Schritt
230 LET X1=Y1
240 LET X2=Y2
250 GOSUB 500
260 LET W1=G1
270 LET W2=G2
280 REM                2. Schritt
290 LET X1=Y1+G1*H/2
300 LET X2=Y2+G2*H/2
310 LET T=T+H/2
320 GOSUB 500
330 LET W1=W1+G1*2
340 LET W2=W2+G2*2
350 REM                3. Schritt
360 LET X1=Y1+G1*H/2
370 LET X2=Y2+G2*H/2
380 GOSUB 500
390 LET W1=W1+G1*2
400 LET W2=W2+G2*2
410 REM                4. Schritt
420 LET X1=Y1+G1*H
430 LET X2=Y2+G2*H
440 LET T=T+H/2
450 GOSUB 500
460 REM                5. Schritt
470 LET Y1=Y1+(W1+G1)*H/6
480 LET Y2=Y2+(W2+G2)*H/6
490 GOTO 180
500 REM          rechte Seite der DGL;  G1(T,X1,X2) , G2(T,X1,X2)
510 LET A1=X1+X2*(V-1)
520 GOSUB 570
530 LET B1=U1-X2-2*A1
540 LET G1=W*B1
550 LET G2=W*A1
560 RETURN
570 REM  Stoerfunktion , Einheitssprung
580 LET U1=1
590 RETURN
600 END
```

Das entsprechende Pascal-Programm lautet:

```
program RUNGEKUTTA2 ( input,output );
var     T,Y1,Y2,TENDE,H,YN1,YN2,Z1,Z2,W1,W2  : real;
        ENDE : boolean;
        V,W,ALF,BET: real;

function U1(T:real):real;
begin
        U1 := 1        (* Einheitssprung *)
end;
```

```
procedure G(T:real; Y1,Y2:real; var Z1,Z2:real);
begin
        ALF := Y1 + Y2 * ( V - 1 );
        BET := U1(T) - Y2 - 2 * ALF;
        Z1  := W * BET ;
        Z2  := W * ALF
end;

begin
writeln('RCRC-Aktiver Tiefpass; Dgl. 2. Ordn.; Sprungspg.');
writeln('Parameter:  Verstaerkungsfaktor  Zeitkonstante ');
read( V , W );
write('Start bei t=');
read(T);
writeln('Anfangswerte: uc1(t)    uc2(t)  ');
read( Y1 , Y2 );
write('Endwert von t=');
read(TENDE);
write('Schrittweite h=');
read(H);
ENDE := false;
repeat
   writeln(' t/ms=', T*1000: 5:3,
         ', uc1/V=',Y1: 8:4,', uc2/V=',Y2: 7:4),
         ', A=',V*Y2/U1(T): 7:4);
   if  T < TENDE
     then begin
          G ( T , Y1 , Y2 , W1 , W2 );
          T := T + H / 2;
          YN1 := Y1 + H * W1 / 2;
          YN2 := Y2 + H * W2 / 2;
          G ( T , YN1 , YN2 , Z1 , Z2 );
          W1 := W1 + Z1 * 2;
          W2 := W2 + Z2 * 2;
          YN1 := Y1 + H * Z1 / 2;
          YN2 := Y2 + H * Z2 / 2;
          G ( T , YN1 , YN2 , Z1 , Z2 );
          T := T + H / 2;
          W1 := W1 + Z1 * 2;
          W2 := W2 + Z2 * 2;
          YN1 := Y1 + H * Z1;
          YN2 := Y2 + H * Z2;
          G ( T , YN1 , YN2 , Z1 , Z2 );
          Y1 := Y1 + H * ( W1 + Z1 ) / 6;
          Y2 := Y2 + H * ( W2 + Z2 ) / 6
          end
     else ENDE := true
until ENDE
end.
```

Wir rechnen folgendes Beispiel durch:

$u_1(t) = 1$ (Einheitssprung)

$v = 1.268$ (Besselfilter)

$w = 2 \cdot \pi \cdot 1000/0.786 = 7.99 \cdot 10^3$

mit

$u_{C1}(0) = u_{C2}(0) = 0$ und $h = 5 \cdot 10^{-5}$.

Damit erhalten wir:

```
RCRC-Aktiver Tiefpass; Dgl. 2. Ordn.; Sprungspg.
Verstaerkungsfaktor=?1.268
Zeitkonstante=?7.99E3
Start bei ts=?0
uc1(ts)=?0
uc2(ts)=?0
Schrittweite h=?5E-5
Wertepaare n=?5
t/ms = 0          uc1/V=0          uc2/V=0            A=0
t/ms = 5 E-002    uc1/V=0.2636     uc2/V=6.35 E-002   A=8.05 E-002
t/ms = 0.1        uc1/V=0.3351     uc2/V=0.2017       A=0.2558
t/ms = 0.15       uc1/V=0.3023     uc2/V=0.3617       A=0.4587
t/ms = 0.2        uc1/V=0.2211     uc2/V=0.5143       A=0.6522
READY
```

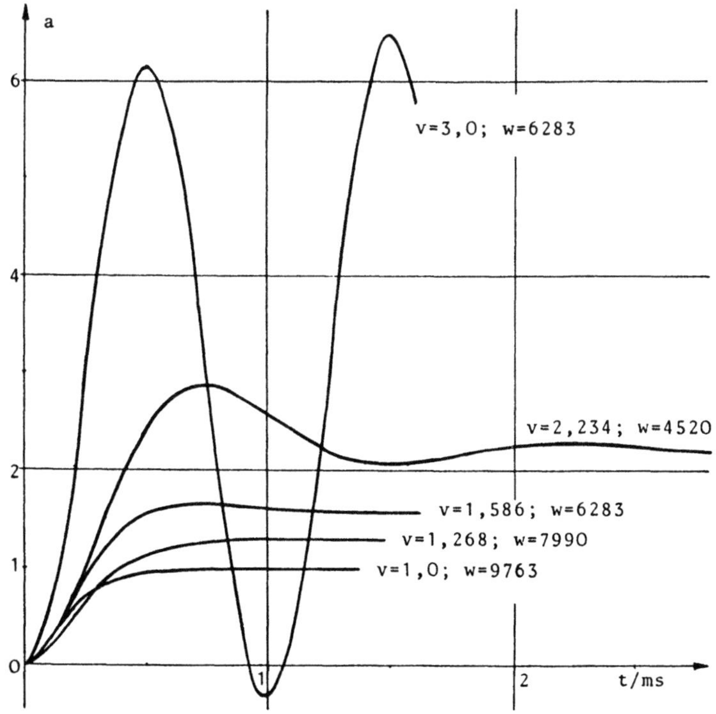

Im obigen Diagramm sind der Übersicht halber die Rechenergebnisse für folgende Fälle aufgetragen:

$v = 1,0$;
$v = 1,268$ (Bessel-Filter, unsere Rechnung);
$v = 1,586$ (Butterworth-Filter);
$v = 2,234$ (Tschebyscheff-Filter);
$v = 3,0$ (ungedämpftes Filter = Oszillator).

Für alle Filter sind die w-Werte so gewählt, daß die -3dB-Eckfrequenz 1 kHz beträgt.

Wir geben jetzt in einem weiteren Beispiel ein aus zwei Frequenzen gemischtes Eingangssignal $u_1(t)$ auf unsere Schaltung und vergleichen $u_{C2}(t) = u_2/v$ damit. Wir verzichten auf den Faktor a und zeigen dafür $u_1$ an.
Mit

$$u_1(t) = \cos(w \cdot 2 \cdot t) + \cos(w/2 \cdot t)$$

bekommen wir folgendes Programm:

```
100 REM Rungekutta2
110 PAGE
120 PRINT "RCRC-Aktiver Tiefpass; Dgl. 2. Ordn.; 2 Frequenzen"
130 INPUT "Verstaerkungsfaktor=",V,"Zeitkonstante=",W
140 INPUT "Start bei ts=",T,"uc1(ts)=",Y1,"uc2(ts)=",Y2
150 INPUT "Schrittweite h=",H,"Wertepaare n=",A
160 REM                Hauptprogramm
170 LET N=1
180 GOSUB 570
190 PRINT "t/ms = ";INT(T*1000000)/1000;TAB(15);
    "uc1/V=";INT(Y1*10000)/10000;TAB(32);"uc2/V=";
    INT(Y2*10000)/10000;TAB(49);"U=";INT(U1*10000)/10000
200 LET N=N+1
210 IF N)A THEN GOTO 600
220 REM                1. Schritt
230 LET X1=Y1
240 LET X2=Y2
250 GOSUB 500
260 LET W1=G1
270 LET W2=G2
280 REM                2. Schritt
290 LET X1=Y1+G1*H/2
300 LET X2=Y2+G2*H/2
310 LET T=T+H/2
320 GOSUB 500
330 LET W1=W1+G1*2
340 LET W2=W2+G2*2
350 REM                3. Schritt
360 LET X1=Y1+G1*H/2
370 LET X2=Y2+G2*H/2
380 GOSUB 500
390 LET W1=W1+G1*2
```

```
400 LET W2=W2+G2*2
410 REM                4. Schritt
420 LET X1=Y1+G1*H
430 LET X2=Y2+G2*H
440 LET T=T+H/2
450 GOSUB 500
460 REM                5. Schritt
470 LET Y1=Y1+(W1+G1)*H/6
480 LET Y2=Y2+(W2+G2)*H/6
490 GOTO 180
500 REM          rechte Seite der DGL;  G1(T,X1,X2) , G2(T,X1,X2
510 LET A1=X1+X2*(V-1)
520 GOSUB 570
530 LET B1=U1-X2-2*A1
540 LET G1=W*B1
550 LET G2=W*A1
560 RETURN
570 REM  Stoerfunktion ,       2 Frequenzen
580 LET U1=COS(W*2*T)+COS(W/2*T)
590 RETURN
600 END
```

Das Pascal-Programm lautet entsprechend:

```
program RUNGEKUTTA2 ( input,output );
var     T,Y1,Y2,TENDE,H,YN1,YN2,Z1,Z2,W1,W2  : real;
        ENDE : boolean;
        V,W,ALF,BET: real;

function U1(T:real):real;
begin
        U1 := cos(W*2*T) + cos(W/2*T)    (* 2 Frequenzen   *)
end;
procedure G(T:real; Y1,Y2:real; var Z1,Z2:real);
begin
        ALF := Y1 + Y2 * ( V - 1 );
        BET := U1(T) - Y2 - 2 * ALF;
        Z1  := W * BET ;
        Z2  := W * ALF
end;

begin
writeln('RCRC-Aktiver Tiefpass; Dgl. 2. Ordn.; 2 Frequenzen')
writeln('Parameter:  Verstaerkungsfaktor  Zeitkonstante ');
read( V , W );
write('Start bei t=');
read(T);
writeln('Anfangswerte: uc1(t)    uc2(t)  ');
read( Y1 , Y2 );
write('Endwert von t=');
read(TENDE);
write('Schrittweite h=');
read(H);
ENDE := false;
```

```
repeat
   writeln(' t/ms=', T*1000: 5:3,
         ', uc1/V=',Y1: 8:4,', uc2/V=',Y2: 7:4,
         ', U1/V=',U1(T): 7:4);
   if  T < TENDE
     then begin
          G ( T , Y1 , Y2 , W1 , W2 );
          T := T + H / 2;
          YN1 := Y1 + H * W1 / 2;
          YN2 := Y2 + H * W2 / 2;
          G ( T , YN1 , YN2 , Z1 , Z2 );
          W1 := W1 + Z1 * 2;
          W2 := W2 + Z2 * 2;
          YN1 := Y1 + H * Z1 / 2;
          YN2 := Y2 + H * Z2 / 2;
          G ( T , YN1 , YN2 , Z1 , Z2 );
          T := T + H / 2;
          W1 := W1 + Z1 * 2;
          W2 := W2 + Z2 * 2;
          YN1 := Y1 + H * Z1;
          YN2 := Y2 + H * Z2;
          G ( T , YN1 , YN2 , Z1 , Z2 );
          Y1 := Y1 + H * ( W1 + Z1 ) / 6;
          Y2 := Y2 + H * ( W2 + Z2 ) / 6
          end
     else ENDE := true
until ENDE
end.
```

Die errechnete Wertetabelle hat folgendes Aussehen:

```
RCRC-Aktiver Tiefpass; Dgl. 2. Ordn.; 2 Frequenzen
Verstaerkungsfaktor=?1.268
Zeitkonstante=?7.99E3
Start bei ts=?0
uc1(ts)=?0
uc2(ts)=?0
Schrittweite h=?5E-5
Wertepaare n=?6
t/ms = 0         uc1/V=0          uc2/V=0          U=2
t/ms = 5 E-002   uc1/V=0.4913     uc2/V=0.1233     U=1.6775
t/ms = 0.1       uc1/V=0.4592     uc2/V=0.3535     U=0.894
t/ms = 0.15      uc1/V=0.1276     uc2/V=0.5244     U=9.03 E-002
t/ms = 0.2       uc1/V=-0.2265    uc2/V=0.5604     U=-0.3011
t/ms = 0.249     uc1/V=-0.3894    uc2/V=0.4854     U=-0.1161
READY
```

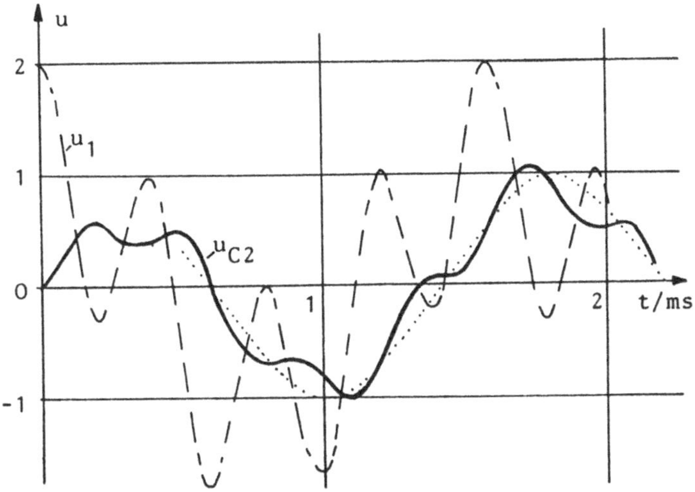


Man sieht in dem Diagramm, daß die Schwingung höherer Frequenz $f_1 = 2{,}54$ kHz herausgefiltert wird und in $u_2$ die tiefere Frequenz $f_2 = 635{,}8$ Hz dominiert (punktiert gezeichnet).

### 10.1.3 Aktiver Hochpass

Für einen Hochpass vertauschen wir gegenüber dem Tiefpass die R- mit den C-Gliedern

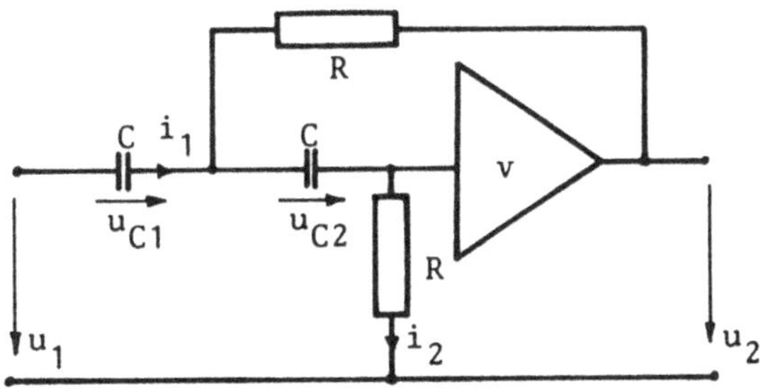


und bekommen die Beziehungen

$$u_1 = u_{C1} + u_{C2} + R \cdot i_2$$
$$u_1 = u_{C1} + R \cdot (i_1 - i_2) + u_2$$
$$u_2 = v \cdot R \cdot i_2$$
$$C \cdot u'_{C1} = i_1$$
$$C \cdot u'_{C2} = i_2.$$

Durch Umformung erhalten wir das Dgl.-System

$$w := 1/(R \cdot C)$$

$$ALF := R \cdot i_2 := u_1(t) - u_{C1} - u_{C2}$$

$$BET := R \cdot i_1 := u_{C2} + (2 - v) \cdot ALF$$

$$u'_{C1} := g1(t, u_{C1}, u_{C2}) := w \cdot BET$$

$$u'_{C2} := g2(t, u_{C1}, u_{C2}) := w \cdot ALF.$$

Wir wenden wieder das Programm von Abschnitt 9 an mit der Zuordnung

$$y_1 = u_{C1}, \quad y_2 = u_{C2}$$

und bekommen

$$a = u_2(t)/u_1(t) := v \cdot ALF/u_1.$$

Das BASIC-Programm für den Einheitssprung lautet:

```
100 REM Rungekutta2
110 PAGE
120 PRINT "RCRC-Aktiver Hochpass; Dgl. 2. Ordn.; Sprungspg."
130 INPUT "Verstaerkungsfaktor=",V,"Zeitkonstante=",W
140 INPUT "Start bei ts=",T,"uc1(ts)=",Y1,"uc2(ts)=",Y2
150 INPUT "Schrittweite h=",H,"Wertepaare n=",A
160 REM                 Hauptprogramm
170 LET N=1
180 GOSUB 570
190 PRINT "t/ms = ";INT(T*1000000)/1000;TAB(15);"uc1/V=";
   INT(Y1*10000)/10000;TAB(32);"uc2/V=";INT(Y2*10000)/10000;
   TAB(49);"A=";INT(V*(U1-Y1-Y2)/U1*10000)/10000
200 LET N=N+1
210 IF N>A THEN GOTO 600
220 REM                 1. Schritt
230 LET X1=Y1
240 LET X2=Y2
250 GOSUB 500
260 LET W1=G1
270 LET W2=G2
280 REM                 2. Schritt
290 LET X1=Y1+G1*H/2
300 LET X2=Y2+G2*H/2
310 LET T=T+H/2
320 GOSUB 500
330 LET W1=W1+G1*2
340 LET W2=W2+G2*2
350 REM                 3. Schritt
360 LET X1=Y1+G1*H/2
370 LET X2=Y2+G2*H/2
380 GOSUB 500
390 LET W1=W1+G1*2
400 LET W2=W2+G2*2
410 REM                 4. Schritt
420 LET X1=Y1+G1*H
```

```
430 LET X2=Y2+G2*H
440 LET T=T+H/2
450 GOSUB 500
460 REM                 5. Schritt
470 LET Y1=Y1+(W1+G1)*H/6
480 LET Y2=Y2+(W2+G2)*H/6
490 GOTO 180
500 REM          rechte Seite der DGL;  G1(T,X1,X2) , G2(T,X1,X2)
505 GOSUB 570
510 LET A1=U1-X1-X2
530 LET B1=X2+(2-V)*A1
540 LET G1=W*B1
550 LET G2=W*A1
560 RETURN
570 REM  Stoerfunktion , Einheitssprung
580 LET U1=1
590 RETURN
600 END
```

Das Pascal-Programm, ebenfalls für den Einheitssprung, lautet:

```
program RUNGEKUTTA2 ( input,output );
var     T,Y1,Y2,TENDE,H,YN1,YN2,Z1,Z2,W1,W2  : real;
        ENDE : boolean;
        V,W,ALF,BET: real;

function U1(T:real):real;
begin
        U1 := 1        (* Einheitssprung *)
end;
procedure G(T:real; Y1,Y2:real; var Z1,Z2:real);
begin
        ALF := U1(T) - Y1 - Y2;
        BET := Y2 + ( 2 - V ) * ALF;
        Z1  := W * BET ;
        Z2  := W * ALF
end;

begin
writeln('RCRC-Aktiver Hochpass; Dgl. 2. Ordn.; Sprungspg.');
writeln('Parameter:  Verstaerkungsfaktor  Zeitkonstante ');
read( V , W );
write('Start bei t=');
read(T);
writeln('Anfangswerte: uc1(t)     uc2(t)   ');
read( Y1 , Y2 );
write('Endwert von t=');
read(TENDE);
write('Schrittweite h=');
read(H);
ENDE := false;
```

```
repeat
   writeln(' t/ms=', T*1000: 5:3,
         ', uc1/V=',Y1: 8:4,', uc2/V=',Y2: 7:4,
         ', A=',V*(U1(T)-Y1-Y2)/U1(T): 7:4);
   if  T < TENDE
     then begin
          G ( T , Y1 , Y2 , W1 , W2 );
          T := T + H / 2;
          YN1 := Y1 + H * W1 / 2;
          YN2 := Y2 + H * W2 / 2;
          G ( T , YN1 , YN2 , Z1 , Z2 );
          W1 := W1 + Z1 * 2;
          W2 := W2 + Z2 * 2;
          YN1 := Y1 + H * Z1 / 2;
          YN2 := Y2 + H * Z2 / 2;
          G ( T , YN1 , YN2 , Z1 , Z2 );
          T := T + H / 2;
          W1 := W1 + Z1 * 2;
          W2 := W2 + Z2 * 2;
          YN1 := Y1 + H * Z1;
          YN2 := Y2 + H * Z2;
          G ( T , YN1 , YN2 , Z1 , Z2 );
          Y1 := Y1 + H * ( W1 + Z1 ) / 6;
          Y2 := Y2 + H * ( W2 + Z2 ) / 6
          end
     else ENDE := true
until ENDE
end.
```

Wir rechnen folgendes Beispiel durch:

$$
\begin{aligned}
v &= 1.586, \\
w &= 6283, \\
u_{C1}(0) &= 0, \\
u_{C2}(0) &= 0, \\
h &= 5 \cdot 10^{-5}, \\
m &= 10.
\end{aligned}
$$

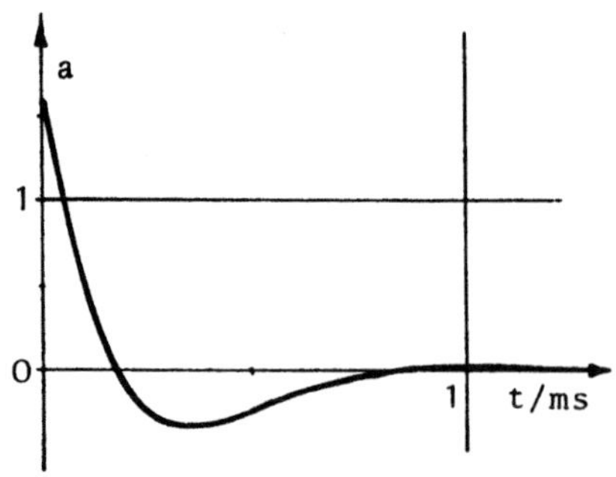

```
RCRC-Aktiver Hochpass; Dgl. 2. Ordn.; Sprungspg.
Verstaerkungsfaktor=?1.586
Zeitkonstante=?6283
Start bei ts=?1E-8
uc1(ts)=?0
uc2(ts)=?0
Schrittweite h=?5E-5
Wertepaare n=?6
t/ms = 0          uc1/V=0           uc2/V=0           A=1.586
t/ms = 5 E-002    uc1/V=0.1457      uc2/V=0.2495      A=0.959
t/ms = 0.1        uc1/V=0.3067      uc2/V=0.3898      A=0.4811
t/ms = 0.15       uc1/V=0.4648      uc2/V=0.449       A=0.1366
t/ms = 0.2        uc1/V=0.6084      uc2/V=0.4514      A=-9.51 E-002
t/ms = 0.25       uc1/V=0.7315      uc2/V=0.4173      A=-0.2362
READY
```

## 10.2 RLC-Parallelschaltung

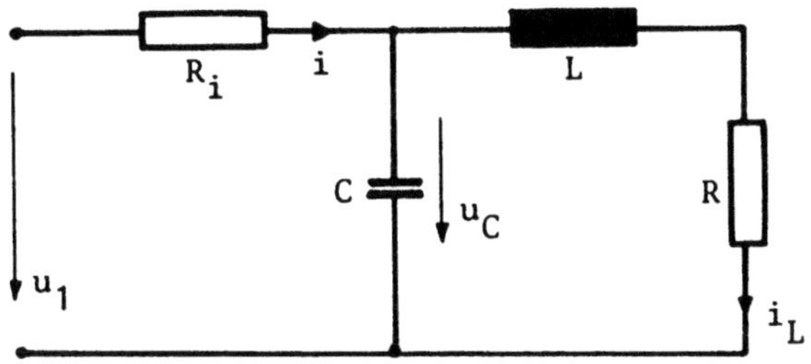


Für einen Parallelschwingkreis benutzen wir die Beziehungen

$$u_1(t) = i \cdot R_i + u_C$$
$$u_C = L \cdot i_L' + R \cdot i_L$$
$$i - i_L = C \cdot u_C'.$$

Durch Umformung erhalten wir das Dgl.-System

$$i_L' = g1(t, i_L, u_C) = (u_C - R \cdot i_L)/L$$
$$u_C' = g2(t, i_L, u_C) = ((u_1(t) - u_C)/R_i - i_L)/C.$$

Es gilt die Zuordnung

$$y_1 = i_L, \quad y_2 = u_C.$$

Das BASIC-Programm lautet für Rechteckanregung:

```
100 REM Rungekutta2
110 PAGE
120 PRINT "RLC-Parallelsch.; Dgl. 2. Ordn.; Rechteckgenerator"
130 INPUT "Ri/Ohm=",R1,"R/Ohm=",R,"L/H=",L,"C/F=",C,
    "F/Hz=",F,"U/V=",U
140 INPUT "Start bei ts=",T,"iL(ts)=",Y1,"uc(ts)=",Y2
150 INPUT "Schrittweite h=",H,"Wertepaare n=",A
160 REM                 Hauptprogramm
170 LET N=1
180 GOSUB 550
190 PRINT "t/mys = ";INT(T*1 E+008)/100;TAB(17);"U1/V=";
    INT(U1*100)/100;TAB(25);"iL/mH=";INT(Y1*1000000)/1000;
    TAB(45);"uC/V=";INT(Y2*1000)/1000
200 LET N=N+1
210 IF N>A THEN GOTO 610
220 REM                 1. Schritt
230 LET X1=Y1
240 LET X2=Y2
250 GOSUB 500
260 LET W1=G1
270 LET W2=G2
280 REM                 2. Schritt
290 LET X1=Y1+G1*H/2
300 LET X2=Y2+G2*H/2
310 LET T=T+H/2
320 GOSUB 500
330 LET W1=W1+G1*2
340 LET W2=W2+G2*2
350 REM                 3. Schritt
360 LET X1=Y1+G1*H/2
370 LET X2=Y2+G2*H/2
380 GOSUB 500
390 LET W1=W1+G1*2
400 LET W2=W2+G2*2
410 REM                 4. Schritt
420 LET X1=Y1+G1*H
430 LET X2=Y2+G2*H
440 LET T=T+H/2
450 GOSUB 500
460 REM                 5. Schritt
470 LET Y1=Y1+(W1+G1)*H/6
480 LET Y2=Y2+(W2+G2)*H/6
490 GOTO 180
500 REM          rechte Seite der DGL;  G1(T,X1,X2) , G2(T,X1,X2)
510 GOSUB 550
520 LET G1=(X2-R*X1)/L
530 LET G2=((U1-X2)/R1-X1)/C
540 RETURN
550 REM  Stoerfunktion ,      Rechteckgenerator
560 LET S=U*SIN(2*PI*F*T)
570 IF S=0 THEN LET U1=0
580 IF S<0 THEN LET U1=-U
590 IF S>0 THEN LET U1=+U
600 RETURN
610 END
```

Das Pascal-Programm, ebenfalls mit dem Rechteckgenerator:

```
program RUNGEKUTTA2 ( input,output );
const   PI = 3.1415926;
var     T,Y1,Y2,TENDE,H,YN1,YN2,Z1,Z2,W1,W2  : real;
        ENDE : boolean;
        R1,R,L,C,F,U: real;

function U1(T:real):real;
var     S:real;
begin
        S:=U*sin(2*PI*F*T);      (* Rechteckgenerator *)
        if S=0 then U1:=0 else
          if S<0 then U1:=-U else U1:=+U
end;
procedure G(T:real; Y1,Y2:real; var Z1,Z2:real);
begin
        Z1 := ( Y2 - R * Y1 ) / L ;
        Z2 := ( ( U1(T) - Y2 ) / R1 - Y1 ) / C
end;

begin
writeln('RLC-Parallelsch.; Dgl. 2. Ordn.; Rechteckgenerator');
writeln('Parameter:  Ri/Ohm   R/Ohm   L/H   C/F   F/Hz   U/V');
read( R1 , R , L , C , F , U);
write('Start bei t=');
read(T);
writeln('Anfangswerte:  iL(t)    uc(t)  ');
read( Y1 , Y2 );
write('Endwert von t=');
read(TENDE);
write('Schrittweite h=');
read(H);
ENDE := false;
repeat
   writeln(' t/mys=', T*1E6:7:2,' U1/V=',U1(T),
         ', iL/mH=',Y1*1E3: 8:3,',  uC/V=',Y2: 7:3);
   if  T < TENDE
     then begin
          G ( T , Y1 , Y2 , W1 , W2 );
          T := T + H / 2;
          YN1 := Y1 + H * W1 / 2;
          YN2 := Y2 + H * W2 / 2;
          G ( T , YN1 , YN2 , Z1 , Z2 );
          W1 := W1 + Z1 * 2;
          W2 := W2 + Z2 * 2;
          YN1 := Y1 + H * Z1 / 2;
          YN2 := Y2 + H * Z2 / 2;
          G ( T , YN1 , YN2 , Z1 , Z2 );
          T := T + H / 2;
          W1 := W1 + Z1 * 2;
          W2 := W2 + Z2 * 2;
          YN1 := Y1 + H * Z1;
          YN2 := Y2 + H * Z2;
          G ( T , YN1 , YN2 , Z1 , Z2 );
          Y1 := Y1 + H * ( W1 + Z1 ) / 6;
          Y2 := Y2 + H * ( W2 + Z2 ) / 6
          end
     else ENDE := true
until ENDE
end.
```

Wir rechnen das Beispiel mit dem Rechteckgenerator (vgl. 6.1.3.2) mit f = 500 kHz und U = 1 V. Weiterhin:

$R_i$ = 300 Ohm,
R = 20 Ohm,
L = 50.66 μH,
C = 500 pF,

mit $i_L(0) = u_C(0) = 0$ und $h = 10^{-8}$.

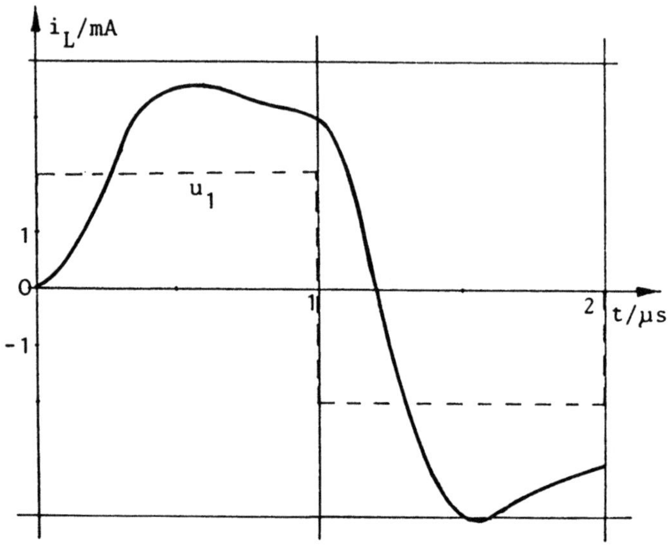


Das Programm liefert folgenden Ausdruck:

```
RLC-Parallelsch.; Dgl. 2. Ordn.; Rechteckgenerator
Ri/Ohm=?300
R/Ohm=?20
L/H=?50.66E-6
C/F=?500E-12
F/Hz=?500E3
U/V=?1
Start bei ts=?0
iL(ts)=?0
uc(ts)=?0
Schrittweite h=?5E-8
Wertepaare n=?5
t/mys = 0          U1/V=0  iL/mH=0                uC/V=0
t/mys = 5 E-002    U1/V=1  iL/mH=9.9 E-002        uC/V=0.241
t/mys = 0.1        U1/V=1  iL/mH=0.436            uC/V=0.433
t/mys = 0.15       U1/V=1  iL/mH=0.908            uC/V=0.536
```

```
t/mys = 0.2        U1/V=1   iL/mH=1.435          uC/V=0.567
                                 .
                                 .
                                 .
                                 .

t/mys = 1.2        U1/V=-1  iL/mH=-0.151         uC/V=-1.065
t/mys = 1.25       U1/V=-1  iL/mH=-1.157         uC/V=-0.988
t/mys = 1.3        U1/V=-1  iL/mH=-2.037         uC/V=-0.853
t/mys = 1.35       U1/V=-1  iL/mH=-2.75          uC/V=-0.688
t/mys = 1.4        U1/V=-1  iL/mH=-3.285         uC/V=-0.518
t/mys = 1.45       U1/V=-1  iL/mH=-3.646         uC/V=-0.358
READY
```

Es ist interessant, das Schwingverhalten der Schaltung zu untersuchen. Wir lassen L und C konstant und vergrößern für einen festen Innenwiderstand $R_i$ den Lastwiderstand $R_L$ von 0 aus. Dann erhalten wir das unerwartete Ergebnis, daß für kleine $R_L$ die Schaltung nicht schwingt. In einem bestimmten Bereich der $R_L$-Werte schwingt die Schaltung und bei weiter steigenden $R_L$-Werten ist sie wieder stark gedämpft.

Für größer werdendes $R_i$ wird im Schwingfall die Dämpfung immer kleiner.

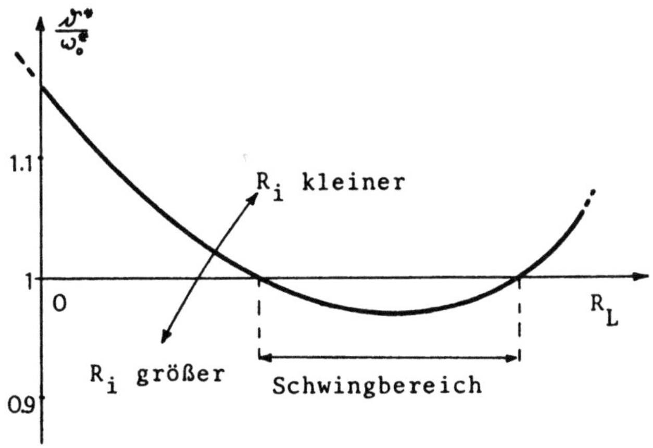

# 11 Numerische Berechnung von Schaltungen mit mehr als zwei Energiespeichern

Als Beispiel für ein Dgl.-System mit mehr als zwei Zustandsfunktionen betrachten wir noch die Ausgleichsvorgänge, wie sie in einem Regelsystem vor sich gehen.

Die numerische Behandlung entspricht der von Abschnitt 9.1, so daß wir uns hier auf die Besprechung der Unterschiede beschränken können.

## 11.1 Das allgemeine Programm für n Differentialgleichungen

Wir verweisen zunächst auf die Ausführungen in Abschnitt 9.2.1 und 9.2.2 über die Arbeitsweise und Variablenzuweisung beim Runge-Kutta-Verfahren.

Um nicht für jede Ordnung des Differentialgleichungssystems ein eigenes Programm schreiben zu müssen, indizieren wir die mehrfach auftretenden Variablen und arbeiten mit einer Laufanweisung über K.

Beim BASIC-Programm führen wir die Ordnung des Systems durch die Anweisung

LET N = Ordnungszahl

ein und dimensionieren die benötigten Variablen allgemein mit dem Maximalwert 20.

Beim Pascal-Programm können wir N in der Konstantendeklaration festlegen und dann die Dimensionierung des VEKTORs gezielt vornehmen.

Der Anwender des allgemeinen Rahmenprogramms muß nur noch folgendes abändern bzw. ergänzen:

Die Ordnung des Dgl.-Systems: N.

Die Eingabe der gewünschten Parameterwerte, bei Pascal mit entsprechender Ergänzung der Variablendefinition.

Die Ausgabe der gewünschten Werte.

Die eigentlichen „rechten Seiten".

```
100 REM Rungekutta n-ter Ordnung
110 PAGE
120 LET N=4
130 DIM Y(20),X(20),G(20),W(20)
140 PRINT " DGL-System ";N;"-ter Ordnung"
150 GOSUB 600
160 INPUT "Start bei ts=",T
170 FOR K=1 TO N
180 PRINT " Anfangswert: Y[";K;"]= "
```

```
190 INPUT Y(K)
200 NEXT K
210 INPUT "Schrittweite h=",H,"Wertepaare n=",A
220 REM                Hauptprogramm
230 LET N1=1
240 GOSUB 570
250 LET N1=N1+1
260 IF N1)A THEN GOTO 680
270 REM                1. Schritt
280 FOR K=1 TO N
290 LET X(K)=Y(K)
300 NEXT K
310 GOSUB 630
320 REM                2. Schritt
330 FOR K=1 TO N
340 LET W(K)=G(K)
350 LET X(K)=Y(K)+G(K)*H/2
360 NEXT K
370 LET T=T+H/2
380 GOSUB 630
390 REM                3. Schritt
400 FOR K=1 TO N
410 LET W(K)=W(K)+G(K)*2
420 LET X(K)=Y(K)+G(K)*H/2
430 NEXT K
440 GOSUB 630
450 REM                4. Schritt
460 FOR K=1 TO N
470 LET W(K)=W(K)+G(K)*2
480 LET X(K)=Y(K)+G(K)*H
490 NEXT K
500 LET T=T+H/2
510 GOSUB 630
520 REM                5. Schritt
530 FOR K=1 TO N
540 LET Y(K)=Y(K)+(W(K)+G(K))*H/6
550 NEXT K
560 GOTO 240
570 REM   Ausgabe der gewuenschten Werte
580 PRINT "DRUCKAUSGABE"
590 RETURN
600 REM   Eingabe der gewuenschten Parameterwerte
610 INPUT "PARAMETEREINGABE",P
620 RETURN
630 REM  rechte Seite der DGL; G(K)=gk(T,X(1),....,X(N))
640 LET G(1)=0
650 REM ......
660 LET G(N)=0
670 RETURN
680 END
```

Das Rahmenprogramm in Pascal lautet entsprechend:

```
program RUNGEKUTTAn ( input,output );
const   N = 4;             (* Anzahl der DGLn *)
type    VEKTOR = array[1..N] of real;
var     T,TENDE,H : real;
        K : integer;
        Y,YN,Z,W : VEKTOR;
        ENDE : boolean;
procedure PAREINGABE;
begin
     (*  Eingabe der gewuenschten Parameterwerte  *)
end;
procedure DRUCK;
begin
     (*  Ausgabe der gewuenschten Werte *)
end;
procedure G(T:real; Y:VEKTOR; var Z:VEKTOR);
begin                     (* "rechte Seiten " *)
          Z[1] :=   0  ;
          Z[2] :=   0  ;
          (*  ........ *)
          Z[N] :=   0
end;

begin   (* Hauptprogramm *)
writeln('DGL-System ',N:2,'-ter Ordnung');
PAREINGABE;
write('Start bei t=');
read(T);
for K := 1 to N do
  begin
  write('Anfangswert: Y[',K:2,'] = ');
  read( Y[K] )
  end;
write('Endwert von t=');
read(TENDE);
write('Schrittweite h=');
read(H);
ENDE := false;
repeat
   DRUCK;
   if  T < TENDE
     then begin
          G ( T , Y , W );
          T := T + H / 2;
          for K := 1 to N do
            YN[K] := Y[K] + H * W[K] / 2;
          G ( T , YN , Z );
          for K := 1 to N do
```

```
          begin
          W[K] := W[K] + Z[K] * 2;
          YN[K] := Y[K] + H * Z[K] / 2
          end;
        G ( T , YN , Z );
        T := T + H / 2;
        for K := 1 to N do
          begin
          W[K] := W[K] + Z[K] * 2;
          YN[K] := Y[K] + H * Z[K]
          end;
        G ( T , YN , Z );
        for K := 1 to N do
          Y[K] := Y[K] + H * ( W[K] + Z[K] ) / 6;
        end
    else ENDE := true
until ENDE
end.
```

## 11.2 Regelstrecke mit PI-Regler

Die Aufstellung des Programms erfolgt direkt anhand des Signalflußplanes des zu untersuchenden Systems und ist daher sehr übersichtlich.

Je Integrator

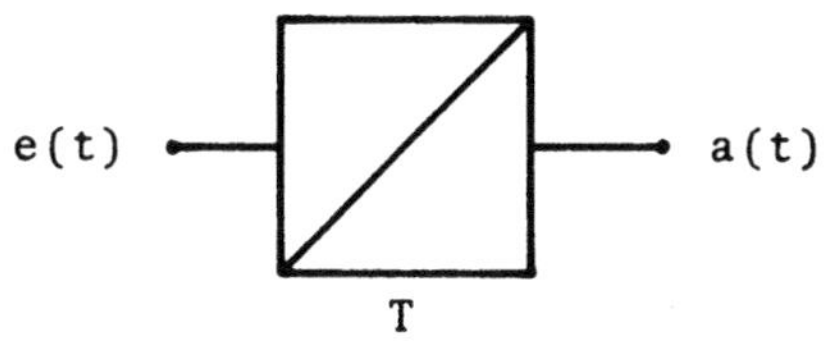


gilt die integrale Beziehung

$$a(t) = \int_0^t K \cdot e(t) \cdot dt + a(0) \tag{1}$$

mit der Konstanten $K = 1/T$.

Dabei ist $a(t)$ die gesuchte Zustandsfunktion am Ausgang des Integrators, während $e(t)$ die Eingangsfunktion beschreibt, die bei geschlossenem Regelsystem wieder von $a(t)$ abhängt. Gleichung (1) ist aber gleichwertig der differentiellen Beziehung

$$\frac{da(t)}{dt} = a' = K \cdot e(t) = g(t, a, \ldots) \tag{2}$$

d.h., je Integrator des Regelsystems erhalten wir eine Dgl. erster Ordnung für die Ausgangsgrößen $a(t)$, die wir der Reihe nach mit $y1$, $y2$, $y3$, … bezeichnen.

Gegeben sei eine Regelstrecke zweiter Ordnung mit PI-Regler. Sie hat den folgenden Signalflußplan.

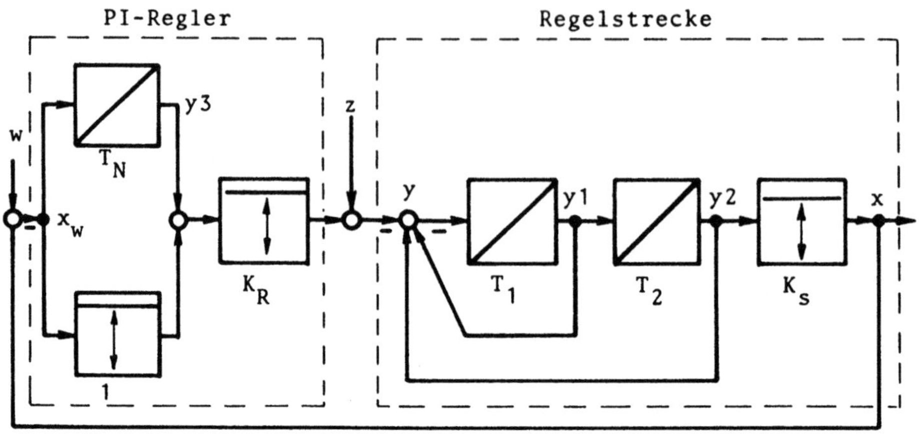


Die Regelstrecke wird in der Regelungstechnik beschrieben durch die Übertragungsfunktion

$$F_s = \frac{K_s}{1 + T_2 \cdot p + T_1 \cdot T_2 \cdot p^2}\,. \tag{3}$$

Die Ausgänge der Integratoren haben wir mit y1, y2, y3 bezeichnet und außerdem als Hilfsgröße die Regelabweichung $x_w$ eingeführt. Bekanntlich nennt man w den Sollwert und z die Störgröße.

Mit den Parametern

$$K_1 = 1/T_1, \; K_2 = 1/T_2, \; K_I = 1/T_N$$

bekommen wir die Beziehungen:

$$x = y2 \cdot K_s \tag{4}$$

$$x_w = w - x \tag{5}$$

$$y3' = x_w \cdot K_I = g3(t, y1, y2, y3) \tag{6}$$

$$y2' = y1 \cdot K_2 = g2(t, y1, y2, y3) \tag{7}$$

$$y1' = ((y3 + 1 \cdot x_w) \cdot K_R + z - y1 - y2) \cdot K_1 = g1(t, y1, y2, y3) \tag{8}$$

Diese Beziehungen sind nun zu programmieren.

Das von Abschnitt 11.1 ergänzte BASIC-Programm lautet:

```
100 REM Rungekutta n-ter Ordnung
110 PAGE
120 LET N=3
130 DIM Y(20),X(20),G(20),W(20)
140 PRINT " DGL-System ";N;"-ter Ordnung"
150 GOSUB 600
160 INPUT "Start bei ts=",T
170 FOR K=1 TO N
180 PRINT " Anfangswert: Y[";K;"]= "
190 INPUT Y(K)
200 NEXT K
210 INPUT "Schrittweite h=",H,"Wertepaare n=",A
220 REM                  Hauptprogramm
230 LET N1=1
240 GOSUB 570
250 LET N1=N1+1
260 IF N1>A THEN GOTO 760
270 REM                  1. Schritt
280 FOR K=1 TO N
290 LET X(K)=Y(K)
300 NEXT K
310 GOSUB 650
320 REM                  2. Schritt
330 FOR K=1 TO N
340 LET W(K)=G(K)
350 LET X(K)=Y(K)+G(K)*H/2
360 NEXT K
370 LET T=T+H/2
380 GOSUB 650
390 REM                  3. Schritt
400 FOR K=1 TO N
410 LET W(K)=W(K)+G(K)*2
420 LET X(K)=Y(K)+G(K)*H/2
430 NEXT K
440 GOSUB 650
450 REM                  4. Schritt
460 FOR K=1 TO N
470 LET W(K)=W(K)+G(K)*2
480 LET X(K)=Y(K)+G(K)*H
490 NEXT K
500 LET T=T+H/2
510 GOSUB 650
520 REM                  5. Schritt
530 FOR K=1 TO N
540 LET Y(K)=Y(K)+(W(K)+G(K))*H/6
550 NEXT K
560 GOTO 240
570 REM   Ausgabe der gewuenschten Werte
580 PRINT " t/ZE= ";INT(T*100)/100;TAB(17);
    "  x = ";INT(Y(2)*K4*100000)/100000
590 RETURN
```

```
600 REM   Eingabe der gewuenschten Parameterwerte
610 PRINT "Regelstrecke mit PI-Regler"
620 INPUT "KI= ",K3,"KR= ",K5,"K2= ",K2,"Ks= ",K4
630 INPUT "Sollwert:  w = ",W1
640 RETURN
650 REM  rechte Seite der DGL; G(K)=gk(T,X(1),....,X(N))
660 LET X1=K4*X(2)
670 LET X2=W1-X1
680 GOSUB 730
690 LET G(1)=(X(3)+X2)*K5+Z1-X(1)-X(2)
700 LET G(2)=X(1)*K2
710 LET G(3)=X2*K3
720 RETURN
730 REM                Stoergroesse, Einheitssprung
740 LET Z1=1
750 RETURN
760 END
```

Die Programmierung der Formeln (4) bis (8) befindet sich in den Zeilen 660 bis 710. Wie aus der Zeile 620 für die Eingabe ersichtlich ist, haben wir die Variablen $K_I$, $K_R$ und $K_s$ in die mit BASIC verträglichen Namen $K_3$, $K_5$ und $K_4$ umbenannt.

Die Störgröße wird in einem eigenen Unterprogramm, Zeile 740, berechnet.

Das in gleicher Weise ergänzte Pascal-Programm lautet:

```
program RUNGEKUTTAn ( input,output );
const   N = 3;            (* Anzahl der DGLn *)
type    VEKTOR = array[1..N] of real;
var     T,TENDE,H : real;
        K : integer;
        Y,YN,Z,W : VEKTOR;
        ENDE : boolean;
        K2,K3,K4,K5,X1,X2,W1  : real;

function Z1(T:real):real;          (* Stoergroesse *)
begin
   Z1  := 1                        (* Einheitssprung *)
end;
procedure PAREINGABE;
begin
     writeln('Parameter:  KI   KR   K2   Ks');
     read( K3 , K5 , K2 , K4 );
     write('Sollwert:  w =');
     read(W1)
end;
procedure DRUCK;
begin
     writeln(' t/ZE= ',T:8:2,'  x = ',Y[2]*K4:10:5)
end;
```

```
procedure G(T:real; Y:VEKTOR; var Z:VEKTOR);
begin                    (* "rechte Seiten " *)
          X1 := K4 * Y[2];
          X2 := W1 - X1;
          Z[1] := ( Y[3] + X2 ) * K5 + Z1(T) - Y[1] - Y[2]
          Z[2] := Y[1] * K2   ;
          Z[3] := X2 * K3
end;

begin    (* Hauptprogramm *)
writeln('DGL-System ',N:2,'-ter Ordnung');
PAREINGABE;
write('Start bei t=');
read(T);
for K := 1 to N do
  begin
  write('Anfangswert: Y[',K:2,'] = ');
  read( Y[K] )
  end;
write('Endwert von t=');
read(TENDE);
write('Schrittweite h=');
read(H);
ENDE := false;
repeat
   DRUCK;
   if  T < TENDE
     then begin
          G ( T , Y , W );
          T := T + H / 2;
          for K := 1 to N do
            YN[K] := Y[K] + H * W[K] / 2;
          G ( T , YN , Z );
          for K := 1 to N do
            begin
            W[K] := W[K] + Z[K] * 2;
            YN[K] := Y[K] + H * Z[K] / 2
            end;
          G ( T , YN , Z );
          T := T + H / 2;
          for K := 1 to N do
            begin
            W[K] := W[K] + Z[K] * 2;
            YN[K] := Y[K] + H * Z[K]
            end;
          G ( T , YN , Z );
          for K := 1 to N do
            Y[K] := Y[K] + H * ( W[K] + Z[K] ) / 6;
          end
     else ENDE := true
until ENDE
end.
```

Beispiel:

Die gegebene Regelstrecke ist gekennzeichnet durch

$T_1$ = 40 ms

$T_2$ = 160 ms

$K_s$ = 0,79.

Der zugeordnete PI-Regler hat eine Nachstellzeit $T_N$ = 50 ms. Der Wert $K_R$ wird versuchsweise auf 1,2 eingestellt.

Dabei wird der Sollwert w = 0 und zur Vereinfachung $K_1$ = 1 gesetzt. Das bedeutet, daß die Zeitkonstante $T_1$ als Zeiteinheit (ZE) gewählt wird. Alle anderen Zeitkonstanten sind dann Vielfache dieser Zeiteinheit ZE.

Wir geben also folgende Werte ein:

$K_I$ = 0,8 $K_2$ = 0,25

$K_R$ = 1,2 $K_s$ = 0,79.

Gibt man nun als Störgröße z den Einheitssprung auf das ruhende System (alle Anfangswerte = 0), so reagiert die Regelgröße x bei h = 0,5 wie folgt:

```
 DGL-System 3 -ter Ordnung
Regelstrecke mit PI-Regler
KI= ?0.8
KR= ?1.2
K2= ?0.25
Ks= ?0.79
Sollwert:  w = ?0
Start bei ts=?0
 Anfangswert: Y[1 ]=
?0
 Anfangswert: Y[2 ]=
?0
 Anfangswert: Y[3 ]=
?0
Schrittweite h=?0.5
Wertepaare n=?10
 t/ZE= 0              x = 0
 t/ZE= 0.5            x = 2.083 E-002
 t/ZE= 1              x = 6.975 E-002
 t/ZE= 1.5            x = 0.13018
 t/ZE= 2              x = 0.18998
 t/ZE= 2.5            x = 0.24072
 t/ZE= 3              x = 0.27715
 t/ZE= 3.5            x = 0.29662
 t/ZE= 4              x = 0.29865
 t/ZE= 4.5            x = 0.28442
READY
```

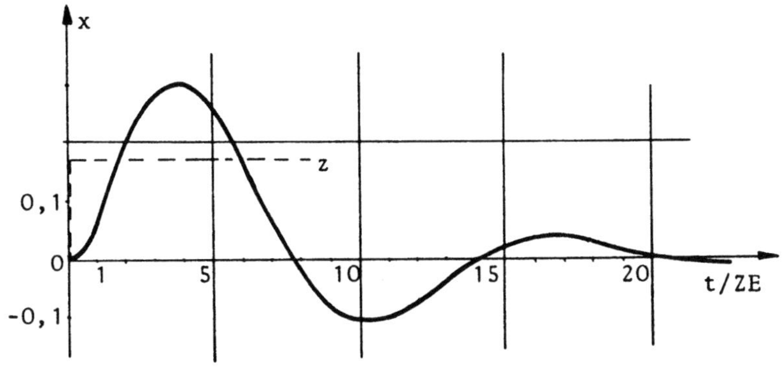


Die Übertragungsfunktion der Regelstrecke selbst ergibt sich mit $K_R = 0$.

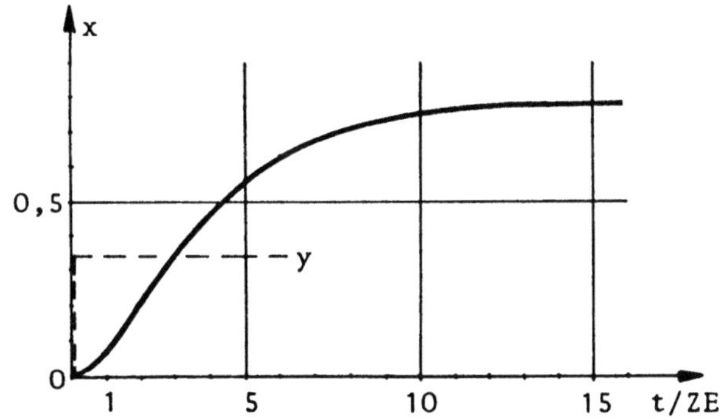

# Anhang: Ergänzung zu den Zeichenprogrammen

Die Art und Weise, wie Mikrocomputer grafische Aufgaben lösen, ist ganz vom Typ abhängig. Taschencomputer liefern sowieso normalerweise keine Grafik.

Wir beschreiben hier unser Vorgehen, um dem Leser Hinweise für die für seinen Rechnertyp notwendigen Modifikationen zu geben.

1. Der Schrim

Unserer Grafik liegt folgendes System zugrunde:

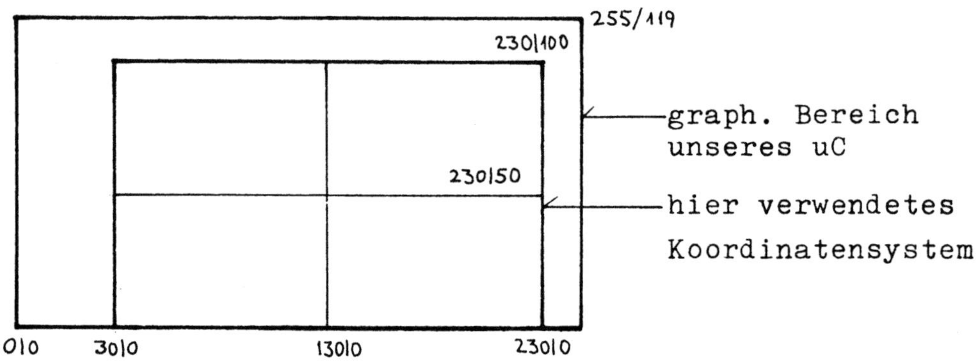


Um unser Koordinatensystem zu zeichnen, ist folgendes Programm erforderlich:

```
100 REM Zeichnen des Kordinatensystems
110 GRAPH ON
120 MOVE (30,0,7)
130 MOVE (230,0,3)
140 MOVE (230,0)
150 MOVE (230,100)
160 MOVE (30,100)
170 MOVE (30,0)
180 MOVE (130,0,7)
190 MOVE (130,100,3)
200 MOVE (30,50,7)
210 MOVE (230,50,3)
220 MOVE (30,0,7)
230 PAGE
```

2. MOVE

Der Befehl

MOVE(a, b, c)

bedeutet: Zeichne eine Linie vom jetzigen Ort nach Punkt (a, b) mit der Strichart c. Ist kein c angegeben, so gilt das vorherige. c = 7 bedeutet Sprung (ohne Linie). In die Klammer von MOVE können auch Rechenoperationen eingebaut werden.

# Literatur

[1] Grafe, Loose, Kühn: Grundlagen der Elektrotechnik, II. Heidelberg 1971

[2] Schnell, G.: Elemente der Elektronik. München 1978

[3] Doetsch, G.: Anleitung zum praktischen Gebrauch der Laplace-Transformation und Z-Transformation. München 1967

[4] Bronstein, Semendjajew: Taschenbuch der Mathematik. Frankfurt 1966 ff.

[5] Wilson, I. R., Addyman, A. M.: PASCAL Leichtverständliche Einführung. München 1981

[6] Zaks, R.: Einführung in PASCAL und UCSD-PASCAL. Düsseldorf 1982

[7] Schwill, W.-D., Weibezahn, R.: BASIC. Einführung in die Programmiersprache. Braunschweig, 1984

[8] Cooper and Clancy: Oh! Pascal! New York 1982, deutsch bei Vieweg. Leichtverständliches, gut lesbares Lehrbuch.

GPSR Compliance

*The European Union's (EU) General Product Safety Regulation (GPSR) is a set of rules that requires consumer products to be safe and our obligations to ensure this.*

*If you have any concerns about our products, you can contact us on ProductSafety@springernature.com*

In case Publisher is established outside the EU, the EU authorized representative is:

Springer Nature Customer Service Center GmbH
Europaplatz 3
69115 Heidelberg, Germany

**Batch number: 10584556**

Printed by Printforce, the Netherlands